Die Buchhaltung für die gewerblichen Betriebe der Gemeinden

Erläutert an einem Beispiel der Buchführung eines Elektrizitätswerkes

Von

Fr. Schmidt

Direktor des Elektrizitätsverbandes Gröba

Springer-Verlag Berlin Heidelberg GmbH 1914

ISBN 978-3-662-38612-5 ISBN 978-3-662-39468-7 (eBook)
DOI 10.1007/978-3-662-39468-7

Vorwort.

Die seit Jahren sich im Flusse befindende Frage, ob die kameralistische Buchhaltung oder die kaufmännische die geeignete Form für die Rechnungsführung des Staates und der Gemeinden sei, wird in diesem Werke nur insoweit berührt, als es sich um die gewerblichen auf Gewinnerzielung gerichteten Unternehmungen der Gemeinden handelt. Der Verfasser, der in seiner langjährigen Tätigkeit mit beiden Buchführungsformen gearbeitet hat und mit ihren Einzelheiten vertraut ist, ist auf Grund dieser Erfahrung der Ansicht, daß für solche gewerblichen Betriebe allein die doppelte kaufmännische Buchhaltung in Frage kommt. Bemerken möchte ich hierbei, daß ich für den gewöhnlichen Haushalt der Gemeinden die kaufmännische Buchhaltung für ungeeignet halte und dort der kameralistischen Buchführung unbedingt den Vorzug gebe, auch alle Bestrebungen auf diesem Gebiete, die kameralistische Buchhaltung in Anlehnung an die Formen der kaufmännischen Buchhaltung „auszubauen", mehr oder weniger als verfehlt ansehe.

Der Kommunalverwaltungsbeamte — der besoldete und der ehrenamtliche — ist genötigt, in seinem Wirkungskreise zu der Frage der Buchhaltungsform Stellung zu nehmen. Ihm sind wohl die Formen und das Wesen der kameralistischen Buchhaltung geläufig, nicht aber diejenigen der kaufmännischen. Auf dieser Unkenntnis beruht wohl zum größten Teil das ablehnende Verhalten, welches der Einführung der kaufmännischen Buchhaltung auch da entgegengebracht wird, wo sie wirklich am Platze ist, nämlich in den gewerblichen Kommunalbetrieben. In der Literatur ist auf diesem Gebiete eine Menge von Abhandlungen und Vorschlägen produziert worden, doch wird der Verwaltungsbeamte davon meist wenig befriedigt gewesen sein, weil alle diese Erzeugnisse eine mehr oder weniger große Fachkenntnis voraussetzten und daher für ihn unverständlich waren. Um dem Verwaltungsbeamten ein wirkliches Bild von dem Wesen und den Formen der kaufmännischen Buchhaltung zu geben, dazu gehören nicht ein paar hingeworfene Beispiele, sondern ein auf einen bestimmten Fall zugeschnittenes, vom Anfang bis zum Ende durchgeführtes Beispiel aus der kommunalen Praxis. Den Verwaltungsbeamten interessiert es nicht, wie das Handelshaus X. X.

seine Bücher führt, sondern ihm ist es erwünschter zu wissen, wie man in einer Gemeindeverwaltung die kaufmännische Buchhaltung verwenden kann.

In dem hier übergebenen Werke ist für ein Gemeinde-Elektrizitätswerk vom Beginne an durchgeführt, wie man die Verwaltung und Buchführung nach bewährten kaufmännischen Grundsätzen einrichten kann. Es ist aber weiter nachgewiesen worden, daß es sehr wohl möglich ist, die kaufmännische Buchhaltung in Einklang mit einem Haushaltsplan zu bringen und der nach kameralistischen Grundsätzen geführten Rechnungsführung des sonstigen Gemeindehaushaltes anzupassen.

Wenn bei dieser Gelegenheit den Formen und Gepflogenheiten des Kaufmannes in einigen Punkten nicht gefolgt ist, vielmehr neue Formen vorgeschlagen worden sind, so hat dies seinen Grund darin, daß diese Vorschläge den besonderen Eigenheiten des kommunalen Betriebes gegenüber denjenigen des Privatbetriebes Rechnung tragen. An den Richtungslinien der doppelten Buchhaltung ist durch die neuen Vorschläge nicht das Geringste geändert worden. Es ist an den einzelnen Stellen darauf hingewiesen worden, wie die Gepflogenheiten im kaufmännischen Betriebe sind.

Das hier durchgeführte Beispiel zeigt den Aufbau der doppelten Buchhaltung in ihren Umrissen. Es macht keinen Anspruch darauf, ein bis ins einzelne gehendes Muster zu bieten, sondern es will nur einen Anhalt geben, nach welchem in jedem Betriebe die kaufmännische doppelte Buchführung zur Anwendung gelangen kann.

Ich hoffe, durch meine Arbeit das Verständnis für die kaufmännische Buchhaltung in den Kreisen der Verwaltungsbeamten zu fördern und dazu beizutragen, daß diese Buchhaltung sich in den gewerblichen Kommunalbetrieben die ihr zukommende Stellung noch erringt.

Gröba-Riesa, im August 1914.

Der Verfasser.

Inhalt.

I. Die Bestandskonten.

Vorbemerkungen.

Die doppelte Buchhaltung bildet ein festgefügtes, einheitliches System, deren Buchungen sich zwangsläufig bis in die zum Jahresschluß zu ziehende Bilanz verdichten. Sie sieht die einzelnen Vermögensobjekte des Unternehmens als selbständige Einrichtungen an, welche gewissermaßen miteinander Geschäfte betreiben. Dafür ist der Gesichtspunkt maßgebend, daß im geschäftlichen Getriebe für jeden Gegenstand, der ein- oder ausgeht, ein Äquivalent gegeben oder empfangen wird. Wird Ware verkauft, so vermindert sich der Warenbestand, dagegen vermehrt sich der Kassenbestand, wenn die Ware bar bezahlt wird, oder bei späterer Zahlung vermehrt sich beim Ausgang der Ware der Vermögensbestand der Forderungen und Außenstände. Werden solche Außenstände beglichen, dann vermindert sich der Bestand der Außenstände, dagegen vermehrt sich der Kassenbestand. Um nun die einzelnen Vermögensobjekte in ein solches gegenseitiges Verhältnis zu bringen, werden für sie Konten angelegt, auf welchen die Ab- und Zuschreibungen erfolgen. In jedem einzelnen Falle erfolgt auf dem einen Konto eine Abschreibung, auf dem anderen eine Zuschreibung. Es wird also jeder Vorfall doppelt verbucht, woher die Bezeichnung „doppelte Buchhaltung" rührt. Man legt Einzelkonten an für Grundstücke, Gebäude, Waren, bares Geld, Bankguthaben, Maschinen, Geräte, Außenstände, Schulden usw. Was für Konten angelegt werden, ist ganz von der Eigenart und den Bedürfnissen jedes Betriebes sowie den Absichten seiner Leiter abhängig.

Es wird angenommen, daß eine Stadtgemeinde die Erbauung eines Elektrizitätswerkes beschlossen hat. Die Kosten sind durch Vorarbeiten auf 6 Millionen Mark veranschlagt worden. Zur Deckung ist die Aufnahme einer Anleihe bei einem Geldinstitute zu 4% Zinsen zum Kurse von 98% in Höhe von 6,5 Millionen Mark beschlossen worden. Die Anleihe wird nach Bedarf abgehoben, zunächst beim Beginne des Baues zur Bestreitung kleinerer barer Ausgaben ein Betrag von 10 000 M. Die Zahlungen werden meist durch Scheck oder Überweisungsauftrag für das Geldinstitut, welches als Bank dient, geleistet.

Es werden zunächst folgende Konten angelegt: 1. Anleihekonto, 2. Bankkonto, 3. Kassenkonto, 4. Disagiokonto. Da die Anleihe zum

Kurse von 98% aufgenommen ist, beträgt für die 6,5 Millionen Mark Schuldsumme der Barerlös nur 6 370 000 M., 130 000 M. sind Disagio. Da die Schuld tatsächlich 6 500 000 M. beträgt, ist auf dem Anleihekonto dieser Betrag zu verbuchen. Die Gegenverbuchung dieses Betrages finden wir mit 6370000 M. auf dem Bankkonto und mit 130 000 M. auf dem Disagiokonto. Von der Bank werden 10 000 M. in bar für die Kasse abgehoben, die Verbuchung dieses Betrages findet statt auf dem Bankkonto und die Gegenbuchung auf dem Kassenkonto. Die einzelnen Konten sehen wie folgt aus:

Anleihekonto.

Soll	M.	Pf.	Haben	M.	Pf.
			10. 1. Per Bankkonto Anleihe bei N. N.	6370000	—
			10. 1. Per Disagiokonto Kursverlust. . . .	130000	—

Bankkonto.

Soll	M.	Pf.	Haben	M.	Pf.
10. 1. An Anleihekonto Erlös aus der Anleihe	6370000	—	12. 1. Per Kassenkonto Überweisung . . .	10000	—

Disagiokonto.

Soll	M.	Pf.	Haben	M.	Pf.
10. 1. An Anleihekonto Disagio	130000	—			

Kassenkonto.

Soll	M.	Pf.	Haben	M.	Pf.
12. 1. An Bankkonto Abhebung	10000	—			

Die Bezeichnungen Soll und Haben (auch Debet und Kredit genannt) haben eine vom gewöhnlichen Sprachgebrauch abweichende Bedeutung. Man könnte auch ebensogut sagen: Linke Seite, Rechte Seite. Die linke Seite (Soll- oder Debetseite) führt im allgemeinen das auf, was mir gehört, was einen Vermögensbestand bildet oder diesen Bestand vermehrt. Diese Seite bildet den Gegensatz der rechten Seite (der Haben- oder Kreditseite); hier steht das, was eine Verbindlichkeit von mir bildet, z. B. die Schulden. Aus dem gegensätzlichen Verhältnis beider Seiten ergibt sich, das die Sollseite auch ausnahmsweise Verbindlichkeiten und die Habenseite Vermögensbestände führen kann. Wir sehen dies beim Disagiokonto. Im vorliegenden Falle beträgt die aufgenommene Schuld tatsächlich 6 500 000 M. In bar sind nur 6 370 000 M. eingekommen, welche das Bankkonto nachweist. Da ich den Betrag des Disagios nicht von der Schuldsumme abziehen kann (denn dann würde das Anleihekonto fälschlich nur 6 370 000 M. nachweisen, obwohl 6 500 000 M. geschuldet werden, so muß der Betrag von 130 000 M. irgendwo als Gegenbuchung (also auf der Sollseite) in Erscheinung treten, und legt man zu diesem Zwecke das Disagiokonto an. Wie dasselbe wieder beseitigt wird, wird später gezeigt werden. Obwohl also das Disagio eine Verbindlichkeit und kein Vermögen bildet, steht es auf der linken Seite, wo gewöhnlich die Vermögensbestände stehen. Es ist buchtechnisch gewissermaßen zu einem fingierten Vermögensbestande geworden.

Die grundlegende Bedeutung der doppelten Buchführung besteht darin, daß jede Buchung zweimal erfolgt, und zwar auf dem einen Konto (welches gibt) auf der Habenseite, auf dem anderen Konto (welches nimmt) auf der Sollseite. Das Bankkonto z. B. „gibt“ 10 000 M. an das Kassenkonto; Verbuchung Habenseite. Dadurch wird angezeigt, daß der Bestand des Bankkontos sich um 10 000 M. verringert hat. Das Kassenkonto „nimmt“ die 10 000 M., daher ist dieser Betrag gleichzeitig auf der Sollseite des Kassenkontos zu verbuchen. Den Buchungseintragungen pflegt man im Geschäftsleben die (italienischen) Präpositionen per und an voranzusetzen; Buchungen der Sollseite an und Buchungen der Habenseite per.

Für die Vorarbeiten und die Aufstellung des Projektes hat die Stadtgemeinde aus ihren Mitteln 12 000 M. gezahlt und vorgeschossen. Dieser Betrag soll später nach Beendigung des Baues als Teil der Baukosten auf die einzelnen Bestände der Anlage (Maschinen, Grundstücke, Gebäude, Netz usw.) umgelegt werden. Da die Umlegung jetzt noch nicht möglich ist, weil Konten für diese Anlagenbestände noch nicht vorhanden sind, wird ein neues Konto angelegt „Allgemeine Bauunkosten“. Die Bank erhält Anweisung, von ihrem Konto „Elektrizitätswerk“ auf das Konto der Stadthauptkasse die 12 000 M. abzuführen. Die

12 000 M. werden verbucht: Auf dem Bankkonto Habenseite: per Konto Allgemeine Bauunkosten für Vorarbeiten 12 000 M.; auf dem Konto Allgemeine Bauunkosten Sollseite: an Bankkonto Kosten der Vorarbeiten 12 000 M.

Für die Führung der Geschäfte des Elektrizitätswerkes sind beim Baubeginn Beamte angenommen, denen zusammen beim Dienstantritt im voraus für das erste Vierteljahr 2500 M. gezahlt werden. Für diese Kosten gilt das, was bezüglich der Kosten der Vorarbeiten und Projektierung gesagt ist, nämlich, daß sie zu den Allgemeinen Bauunkosten gehören. Die 2500 M. werden gebucht: Kassenkonto Habenseite: per Konto allgemeine Bauunkosten Gehälter für N. N. 2500 M.; Konto Allgemeine Bauunkosten Sollseite: an Kassenkonto Gehälter 2500 M. Obwohl diese 2500 M. eine Ausgabe, eine Verbindlichkeit bilden, stehen sie auf dem Konto Allgemeine Bauunkosten auf der Sollseite; denn sie bilden bei diesem Konto eine Forderung gegenüber den noch anzulegenden Bestandskonten. Den wirklichen Charakter dieser 2500 M. als Verbindlichkeit drückt das Kassenkonto dadurch aus, daß sie hier auf der Habenseite stehen.

Für die Beamten muß ein Bureau eingerichtet werden. Zu diesem Zweck werden Bureaumöbel, Papier und sonstige Bedürfnisse gekauft und Räume gemietet. Die Firma A. liefert Möbel für 3000 M., die Firma B. Papier usw. für 250 M., der Hauseigentümer C. vermietet eine Wohnung für 100 M. monatlich. Die Ausgaben für Papier und Miete bilden Allgemeine Bauunkosten und gehören auf dieses Konto, dagegen habe ich für die 3000 M. Möbel bekommen, welche einen Vermögenswert bilden. Dies wird buchmäßig dadurch zum Ausdruck gebracht, daß ich ein neues Konto „Mobilienkonto“ anlege. Vorstehende Beträge werden mit Scheck gezahlt. Ich verbuche: Bankkonto Habenseite per Mobilienkonto für Möbel 3000 M. und Mobilienkonto Sollseite: an Bankkonto für Möbel 3000 M. Ferner: Bankkonto Habenseite: per Konto Allgemeine Unkosten für Papier 250 M., Konto Allgemeine Bauunkosten Sollseite: an Bankkonto für Papier 250 M. Ferner: Bankkonto Habenseite: per Konto Allgemeine Bauunkosten Miete 100 M., Konto Allgemeine Bauunkosten Sollseite: an Bankkonto Miete 100 M.

Es können auch Beträge auf die Habenseite des Kontos Allgemeine Bauunkosten kommen, z. B. es gehen Gebühren für Verdingungsunterlagen ein. Diese Beträge werden verbucht: Kassenkonto Sollseite, Konto Allgemeine Bauunkosten Habenseite. Die bisher angelegten Konten sehen wie folgt aus:

1. Das Schuldenkonto ist unverändert geblieben
2. Das Disagiokonto desgl.

3. Bankkonto.

Soll	M.	Pf.	Haben	M.	Pf.
10. 1. An Anleihekonto Erlös aus der Anleihe	6 370 000	—	12. 1. Per Kassenkonto Überweisung . . .	10 000	—
			30. 1. Per Allg. Unkosten Vorarbeiten . . .	12 000	—
			1. 2. Per Mobilienkonto Möbel	3 000	—
			1. 2. Per Allg. Unkosten Papier	250	—
			1. 2. Per Allg. Unkosten Miete	100	—

4. Kassenkonto.

Soll	M.	Pf.	Haben	M.	Pf.
12. 1. An Bankkonto Abhebung	10 000	—	1. 2. Per Allg. Unkosten Gehälter	2 500	—

5. Konto Allgemeine Bauunkosten.

Soll	M.	Pf.	Haben	M.	Pf.
30. 1. An Bankkonto Vorarbeiten	12 000	—			
1. 2. An Bankkonto Papier	250	—			
1. 2. An Bankkonto Miete	100	—			
1. 2. An Kassenkonto Gehälter.	2 500	—			

6. Mobilienkonto.

Soll	M.	Pf.	Haben	M.	Pf.
1. 2. An Bankkonto Möbel	3 000	—			

Die Arbeiten werden vergeben und haben erhalten: Firma A. die Gebäude, Firma B. die Maschinen, Firma C. das Leitungsnetz, Firma D. die Transformatoren, Firma E. usw. Für die Zentralstation ist ein Grundstück zum Preise von 50 000 M. gekauft worden. Die 50 000 M.

werden durch Banküberweisung gezahlt, 1000 M. Gerichtskosten in bar. Diese Beträge werden verbucht auf dem Bankkonto bzw. Kassenkonto auf der Habenseite, denn sie vermindern hier den Kontenbestand. Da ich für das Geld einen neuen Vermögenswert, nämlich das Grundstück erhalten habe, lege ich ein neues Konto an „Grundstückskonto" und verbuche auf diesem Konto auf der Sollseite: an Bankkonto für Grundstücksankauf 50 000 M., an Kassenkonto Gerichtskosten 1000 M. Die Firma A., welche das Gebäude baut, möchte nach einiger Zeit eine Abschlagszahlung haben von 25 000 M. Der Betrag wird durch Banküberweisung gezahlt. Da es sich aber um eine Abschlagszahlung handelt, und ich die sämtlichen Abschlagszahlungen unter Kontrolle behalten will, lege ich kein neues spezielles Konto (im vorliegenden Fall „Gebäudekonto") an, sondern ich lege ein sog. „Kontokorrentkonto" an. Das Kontokorrentkonto dient dazu, Beträge, welche vorschußweise gezahlt sind oder Lieferungen, für welche Rechnungen ausgeschrieben sind, bis zur endgültigen Regulierung unter Kontrolle zu halten. Es entspricht im großen und ganzen der Vorschußrechnung der kameralistischen Buchhaltung. Die Verbuchung der 25000 M. Abschlagszahlung für den Bau erfolgt Bankkonto Habenseite: per Kontokorrent Abschlagszahlung für A. 25000 M., Kontokorrentkonto Sollseite: an Bankkonto Abschlagszahlung für A. 25 000 M. Auf dem Kontokorrentkonto bildet der Betrag eine Forderung an ein anderes (noch anzulegendes) Konto oder auch an den Unternehmer A.; daher Sollseite.

Der Wert des Kontokorrentkontos ergibt sich ganz besonders in dem Falle, wo einem Unternehmer das Material geliefert wird. Wird z. B. in dem hier durchgenommenen Beispiel dem Unternehmer, welcher das Leitungsnetz herstellt, das Material an Kabelleitungen von der Stadt geliefert, nachdem es von dieser bezahlt ist, so würde die Buchung in folgender Weise vorgenommen werden. Die Stadt hat für 800 000 M. Kabelleitungen gekauft und durch Banküberweisung bezahlt. Die Buchung lautet: Bankkonto Habenseite per Leitungsnetzkonto an N. N. für Kabel 800000 M.; Leitungsnetzkonto Sollseite: an Bankkonto für Kabel 800 000 M. Der Unternehmer, welcher das Leitungsnetz baut, erhält nun eine bestimmte Menge Kabelleitung im Werte von z. B. 500 000 M. Er bekommt darüber eine Belastung und lautet die Buchung: Leitungsnetzkonto Habenseite per Kontokorrentkonto für Kabel an N. N. 500 000 M., Kontokorrentkonto Sollseite an Leitungsnetzkonto für Kabel an N. N. 500 000 M. Aus dem Kontokorrentkonto weiß man nun, daß N. N. für 500 000 M. Kabel erhalten hat. Hat er seine Arbeiten beendet und Abrechnung gehalten, so erfolgt Ausbuchung. Die Abrechnung hat z. B. festgestellt, daß N. N. nur für 498000 M. Kabel verwendet hat; der Rest ist ihm vielleicht gestohlen worden oder sonst abhanden gekommen. Er bekommt für 498 000 M. Gutschrift mit folgender Buchung: Kontokorrentkonto Habenseite 498 000 M.; Leitungsnetzkonto Sollseite 498 000 M. Diese Reihenfolge von Buchungen ergibt nun: tatsächlich verwandt für das Leitungsnetz sind Kabel im Werte von 498 000 M.; das Leitungsnetzkonto hat also seinen richtigen Wert. Im Kontokorrentkonto stehen für N. N. auf der Sollseite 500 000 M., auf der Habenseite 498 000 M.; N. N. ist uns also 2000 M. schuldig und muß sie erstatten. Tut er dies, so erfolgt die Verbuchung: Kontokorrentkonto Habenseite 2000 M., Kassenkonto (N. N. hat bar bezahlt) Sollseite 2000 M.

Der Unternehmer, welcher die Kabelleitungen im Werte von 500 000 M. erhalten hat, muß darüber eine Benachrichtigung bekommen, ebenso darüber, welcher Betrag ihm wieder gutgebracht wird. Die Benachrichtigungen lauten:

1. Städtisches Elektrizitätswerk, Neustadt.

Rechnung

für die Firma N. N.

Wir lieferten Ihnen zum Bau unseres Leitungsnetzes ...... m Dreileiterkabel ..... qmm und belasten Sie mit dem Werte von 500 000 M.

Gutschrift erfolgt nach nachgewiesener Verwendung.

2. Städtisches Elektrizitätswerk, Neustadt.

Gutschrifts-Rechnung

für die Firma N. N.

Sie wiesen uns nach als für unser Werk verwendet ..... m Dreileiterkabel ..... qmm und erkennen wir Sie mit dem Werte von 498 000 M.

Die Baufirma nimmt nun in ihren Büchern entsprechende Buchungen vor; zuerst schreibt sie dem Elektrizitätswerk 500 000 M. gut, später belastet sie das Elektrizitätswerk mit 498 000 M. Aus den Büchern der Firma geht dann also hervor, daß sie dem Werk noch 2000 M. schuldet. Der Ausdruck „belasten" bedeutet, daß ich meinen Geschäftsfreund in den Büchern mit einem Betrage vermerkt habe, welchen ich von ihm glaube fordern zu können. Der Ausdruck „erkennen" bedeutet, daß ich dem Geschäftsfreund einen Betrag gutgeschrieben habe, welchen ich glaube ihm schuldig zu sein. Über die Belastung und die Gutschrift muß ich dem Geschäftsfreund Nachricht geben, damit er mir Mitteilung machen kann, falls er die Belastung bzw. Gutschrift nicht anerkennt.

Um nicht jedesmal erst das Kontokorrentkonto von vorn bis hinten durchzusehen, wenn festgestellt werden soll, wieviel Zahlungen der einzelne Unternehmer erhalten hat, werden für die Personen, mit denen man in regelmäßigem Geschäftsverkehr steht, Personenkonten angelegt mit

Soll- und Habenseiten. Auf die Sollseite kommt die Forderung, die wir an die Person haben (also unsere Zahlungen), auf die Habenseite seine Leistungen in Geld. Die Personenkonten fügen sich im vorliegenden Beispiel nicht zwangsläufig in die Buchhaltung ein, sondern werden nur angelegt zu dem Zwecke jederzeitiger Feststellung, wieviel ich der betreffenden Person gezahlt habe und wieviel sie mir bzw. ich ihr noch schuldig bin. Die Verbuchung auf dem Personenkonto erfolgt auf der Gegenseite der Buchung des Bestandskontos, z. B. ich leiste dem Geschäftsfreund Zahlung von 1000 M. und verbuche diesen Betrag Kassenkonto Habenseite. Auf dem Personenkonto des Geschäftsfreundes verbuche ich den Betrag auf der Sollseite.

Im Handelsgeschäft ist es üblich, daß kein Kontokorrentkonto, wie es hier beschrieben ist, geführt wird, daß vielmehr jeder Geschäftsfreund ein Personenkontokorrentkonto erhält, deren Gesamtzahl das Kontokorrent bilden. Für Personen, mit welchen nur gelegentlich ein Geschäft gemacht ist, wird kein besonderes Personen Kontokorrentkonto angelegt, die Verbuchungen erfolgen auf einem Sammel-Personen-Kontokorrentkonto für „Verschiedene".

Muster eines Personenkontos.

Fabrikbesitzer Schulze, Neustadt.

	Soll	M	Pf		Haben	M	Pf
4. 2.	Für Strom für Januar	244	50	15. 2.	Zahlung bar	244	50
6. 3.	„ „ „ Februar	638	55	10. 3.	Gutschrift a. Stromgeld	10	65
15. 3.	„ Lampen	28	—	6. 4.	Überweisung	1000	—
21. 3.	„ Sicherungen . . .	8	30	20. 4.	„	254	30
4. 4.	„ Strom für März .	590	10	10. 5.	„	661	25
10. 4.	„ einen Motor . . .	675	—	10. 5.	Gutschrift Skonto . .	13	50
15. 4.	„ Leitungsmaterial .	54	35	12. 5.	Saldo	54	60
		2238	80			2238	80

Der Fabrikbesitzer Schulze hat am 12. 5. noch 54,60 M. an uns zu zahlen.

Als erster wird mit seinen Arbeiten der Unternehmer des Leitungsnetzes fertig. Seine Forderung wird abgerechnet, sie beträgt 2 500 000 M. Kaution hat er 5% = 125 000 M. zu bestellen. Er hat an Abschlagszahlungen 2 000 000 M. erhalten, welche vorläufig auf Kontokorrentkonto verbucht waren. Der Unternehmer hinterlegt die 125 000 M. Kaution in Papieren. Es werden die restlichen 500 000 M. an ihn durch Banküberweisung gezahlt. Buchhalterisch drückt sich dies ganze Geschäft wie folgt aus. Zunächst sind drei neue Konten anzulegen: Leitungsnetzkonto, Kautionskonto, Wertpapierkonto. Die 125 000 M. Wertpapiere werden verbucht: Wertpapierkonto Sollseite 125 000 M., Kautionskonto Habenseite 125 000 M. Dadurch ist ausgedrückt, daß das Konto an Wertpapieren einen Bestand von 125 000 M. hat, daß ich dagegen dem Unternehmer C. diesen Betrag als hinterlegte Kaution schulde. Nimmt man z. B. an, daß das Werk aus irgendeiner Veranlassung eine Kaution von 10 000 M. hinterlegen soll und nimmt es diese aus seinem eigenen Vermögen an Wertpapieren, so verbuche ich: Wertpapierkonto Habenseite 10 000 M. (die Papiere haben sich vermindert), Kautionskonto Sollseite 10 000 M. Daraus folgt von selbst, daß auf Kautionskonto Sollseite die Beträge eigene Kautionen, die Beträge Habenseite fremde Kautionen bilden, soweit sie nicht aus zurückgezahlten, beim Werke hinterlegt gewesenen Kautionen bestehen. Die durch Banküberweisung gezahlten 500 000 M. werden verbucht: Bankkonto Habenseite 500 000 M., Leitungsnetzkonto Sollseite 500 000 M. Der übrige abgerechnete, bereits als Abschlagszahlungen geleistete Betrag von 2 000 000 M. wird verbucht: Kontokorrentkonto Habenseite, Leitungsnetzkonto Sollseite 2 000 000 M.

Nachdem Gebäude, Maschinenanlage, Hausanschlüsse, Zähler usw. fertig hergestellt bzw. geliefert worden sind, erfolgt Abrechnung in vorstehend erläuterter Weise, wobei für Maschinenanlage, Hausanschlüsse, Zähler usw. besondere Konten angelegt werden.

Die Verwaltungskosten, die in der Bauzeit gezahlt worden sind, sind auf Konto Allgemeine Unkosten verrechnet worden. Die während der Bauzeit von den eingegangenen Schulden gezahlten Zinsen kann man auch auf dem Konto Allgemeine Unkosten verrechnen, oder ein besonderes Zinsenkonto anlegen, wo die Beträge auf der Sollseite erscheinen. Die Anlegung eines besonderen Zinsenkontos schon während der Bauzeit geschieht da, wo man die für frühzeitige Zahlungen einbehaltenen Skontoabzüge besonders auf Zinsenkonto durch Verbuchung auf der Habenseite vereinnahmt. Diese besondere Verbuchung der Skontoabzüge während der Bauzeit hat jedoch praktisch gar keinen Wert, und ist es zweckmäßiger, sie einfach von den Rechnungen abzuziehen und die gekürzten Rechnungsbeträge auf dem betreffenden Bestandskonto zu verbuchen. Zum Verständnis sei erläutert: die Verwaltung hat Transformatoren im Werte von 50 000 M. gekauft. Zahlungsbedingung: mit 2% Abzug innerhalb 30 Tagen oder nach 3 Monaten ohne jeden Abzug. Es wird innerhalb 30 Tagen gezahlt also 50 000 M. weniger 2% = 49 000 M. Man verbucht nun: Bankkonto Habenseite 49 000 M., Zinsenkonto Habenseite 1000 M., Transformatorenkonto Sollseite 50 000 M. Dadurch will man ausdrücken, daß das Transformatorenkonto einen Wert von 50 000 M. hat, daß die 1000 M. Skonto durch die frühzeitigere Zahlung als Zinsen verdient sind, wogegen man durch die frühzeitigere Zahlung von 49 000 M. einen Anleihebetrag in gleicher Höhe zwei Monate früher zu verzinsen hat. (Die Verbuchung der zu zahlenden Anleihezinsen geschieht Zinsenkonto Sollseite.)

Nachdem sämtliche Bauarbeiten fertiggestellt, abgerechnet und die

Zahlungen (wie oben geschildert) endgültig verbucht worden sind, werden die Beträge der Sollseiten des Kontos Allgemeine Unkosten und des Zinsenkontos nach Abzug der auf den Habenseiten stehenden Beträge auf die einzelnen Bestandskonten verhältnismäßig übertragen. Man muß berücksichtigen, daß Bauzinsen und die sonstigen allgemeinen Unkosten während des Baues für Zwecke desselben aufgewendet worden sind und daher die Vermögenswerte der einzelnen Konten erhöhen. Denn wäre z. B. der Bau der gesamten Anlage einem Generalunternehmer gegen Zahlung nach Fertigstellung übertragen worden, dann hätte der Unternehmer die Ausgaben für Zinsen und allgemeine Unkosten gehabt und diese Beträge auf seine Forderung bei Berechnung der Preise aufgeschlagen.

Nach Beendigung der Schlußrechnungen und nachdem die erforderlichen Umbuchungen vorgenommen worden sind, weiß man also, was die einzelnen Teile (für welche besondere Konten angelegt sind) gekostet haben und welche Werte sie besitzen.

Es ist noch der Fall zu erwähnen, daß statutarisch das Werk die Hausanschlüsse auf seine Kosten ausführt, von den Konsumenten aber sich Beiträge dazu zahlen läßt. Die Hausanschlüsse bilden einen Teil der ganzen Anlage. Die dafür aufgewandten Beträge ergeben sich aus dem Konto Hausanschlüsse. Angenommen, es gehen an Beiträgen der Konsumenten 100 000 M. ein. Wollte ich die 100 000 M. dadurch verbuchen, daß ich den Betrag auf Kassenkonto Sollseite 100 000 M. und Hausanschlußkonto Habenseite 100 000 M. erscheinen lasse, so würde ich dadurch von Anfang an den Wert des Hausanschlußkontos um 100 000 M. gegen den wirklichen Wert zu niedrig angeben. Aus diesem Grunde verbuche ich nicht Hausanschlußkonto Habenseite 100 000 M., sondern lege ein Rückstellungskonto an, auf welchem ich Habenseite 100 000 M. verbuche. Hier liegt ein besonders krasser Fall vor, daß ein tatsächlicher Vermögenswert auf der Habenseite und nicht dagegen auf der Sollseite steht. Vergegenwärtigt man sich jedoch, daß man den Betrag nur zurückgestellt hat, um ihn später für Zwecke des Hausanschlußkontos (wie wir noch sehen werden) zu verwenden, so erscheint es als naheliegend, daß diese 100 000 M. auf dem Rückstellungskonto eine Verbindlichkeit zugunsten eines anderen Kontos bilden. Noch deutlicher wird diese Ansicht, wenn man berücksichtigt, daß die 100 000 M. als bar eingegangene Gelder auf der Sollseite des Kassenkontos bereits in Erscheinung, und zwar zuerst getreten waren, also hier bereits einen Vermögensbestand nachwiesen. Wie bereits erwähnt, wird eine nach kaufmännischen Grundsätzen geführte Finanzwirtschaft die 100 000 M. auf Rückstellungskonto erscheinen lassen, reservieren, wie man sagt. Man benutzt dann den Betrag, um damit eine Abschreibung (siehe Abschnitt V) auf Hausanschlußkonto zu machen.

II. Das Magazin und das Bestellwesen.

Während des Baues wird sich die Notwendigkeit herausstellen, Materialien für die Herstellung der Anlage, insbesondere zum Zwecke der Herstellung von Installationen zu beziehen. Da die Materialien in Verwahrung und Kontrolle genommen werden müssen, ist zu diesem Zwecke ein Magazin einzurichten und zu verwalten. Die Kontrolle des Magazinbestandes geschieht durch das Bestellbureau, die Lagerbücher des Magazins und die Buchhaltung.

Von der Führung von Bestellbüchern geht man mehr und mehr ab zugunsten des Kartensystems, welches ganz erhebliche Vorteile gegenüber dem Büchersystem hat. Es werden alphabetisch geordnet zwei Gruppen von Karten angelegt. In der einen Gruppe erhält jede Firma, bei welcher bestellt wird, eine Karte, in der anderen Gruppe erhält jede Materialart eine Karte.

Die Karten enthalten oben die Buchstaben des Alphabetes. Der Buchstabe, welcher der Firma bzw. dem Material entspricht, bleibt stehen, die anderen Buchstaben werden abgeschnitten. Die Karten werden in der alphabetischen Reihenfolge der Buchstaben stehend in Kästen aufbewahrt; jedes Muster in einem besonderen Kasten. Mit den Bergmann-Elektrizitätswerken, Berlin wird ein Abschluß auf 1000 Zähler gemacht. Nach Muster II wird eine Karte mit Buchstabe Z für Zähler angelegt und der Abschlußvermerk links ausgefüllt. Es werden 100 Zähler zur Lieferung bestellt, abgerufen, wie der Ausdruck lautet. Es wird nunmehr eine Karte Muster I mit Buchstabe B (Bergmann-Elektrizitätswerke) angelegt und hier die Bestellung der 100 Stück eingetragen. Auch auf Karte „Zähler“ Muster II wird diese Bestellung vermerkt. Die Firma hat den Eingang der Bestellung zu bestätigen und den Liefertermin anzugeben. Damit diese Bestätigung auch erfolgt, muß die Bestellung unter Kontrolle gehalten werden. Dies geschieht durch die auf Muster I vorgesehenen Zahlen 1 bis 31, welche die Monatstage sind. Die Bestellung ist am 1. des Monats erfolgt; Bestätigung muß nach 8 Tagen eingehen. Es wird auf die Zahl 9 eine oben vorstehende kleine Klammer, ein sog. Reiter, gesetzt. Der Bestellbeamte hat jeden Tag seine Karten durchzusehen, ob auf der Datumszahl des Tages ein Reiter sitzt. Ist dies der Fall, so zieht er die betreffenden Karten heraus und veranlaßt die erforderlichen Erinnerungen. Am 5. geht die Bestätigung der Firma ein, daß sie in 3 Wochen liefern wird. Der Beamte vermerkt dies auf der Karte Muster I und setzt den Reiter auf die Zahl 26. Die Lieferung erfolgt am 23. Die Karte Muster I wird wiederum berichtigt und der Reiter entfernt; denn jetzt ist nichts mehr zu kontrollieren. Die Lieferung wird vom Magazin angezeigt. Das Magazin weiß nicht, welche Menge bestellt worden ist und muß daher beim Eingang die

Muster I

einer Karte in der alphabetischen Reihenfolge der Firmen.

A	B	C	D	E	F	G	H	J	K	L	M	N	O	P	Q	R	S	T	U	V	W	X	Z

1.	2.	3.	4.	5.	6.	7.	8.	9.	10.	11.	12.	13.	14.	15.	16.	17.	18.	19.	20.	21.	22.	23.	24.	25.	26.	27.	28.	29.	30.	31.

Firma: ....

Betr. Nr.	Tag der Bestellung	Veranlaßt von	Gegenstand	Lieferfrist	Bestätigt am	Geliefert am	Rechnung bescheinigt am	Bemerkungen

Muster II

einer Karte in der alphabetischen Reihenfolge der Gegenstände.

A	B	C	D	E	F	G	H	J	K	L	M	N	O	P	Q	R	S	T	U	V	W	X	Z

Material: ....

Firma ....

....

Abschluß vom ....

Läuft bis ....

Über Menge ....

Preis ....

Skonto usw. ....

Lieferung ....

Erledigung des Abschlusses

Tag der Bestellung	Betr. Nr.	Firma	Anzahl, Menge usw.	Preis	Tatsächlich gelieferte Mengen	Bemerkungen

Gegenstände genau nachzählen bzw. wiegen. An der Hand dieser Eingangsanzeige prüft der Bestellbeamte, ob die bestellten Waren in dem bestellten Umfange eingegangen sind. Karte Muster II wird entsprechend vervollständigt. Geht dann die Rechnung von der Lieferfirma ein, so kann der Bestellbeamte an der Hand seiner Kartothek die Richtigkeit der Bestellung, der Lieferung und des Preises bescheinigen und die Rechnung für die Zahlungsanweisung fertigmachen. Zu diesem Zweck wird auf die Rechnung der entsprechende Stempel gedrückt und ausgefüllt. Wegen Verbuchung der Rechnungen vgl. Abschnitt IV.

Für die Bestellungen werden Bestellzettel nach folgendem Formular verwendet:

Städtisches Elektrizitätswerk, Neustadt.

Bestellung Nr. ....

für ....

....

Die Bestellnummer ist in Versand- und Begleitschreiben, Korrespondenzen und Rechnungen stets anzugeben. Alle Bestellungen erfolgen schriftlich; mündliche oder durch den Fernsprecher haben ohne schriftliche Bestätigung keine Gültigkeit. Wird eine Bestellung nicht oder nur unter anderen Bedingungen angenommen, so muß dies unverzüglich erklärt werden. Versandanzeige und Rechnung erbitten wir stets sofort und für jede Bestellung besonders. Für bedingungsgemäße und für tadelfreie Ausführung ist ohne besondere Vereinbarung mindestens auf 1 Jahr Gewähr zu leisten. Die Versandgefahr wird von uns nicht übernommen. Zahlungen, welche spätere Reklamationen nicht ausschließen, erfolgen mangels anderer Abmachungen nach unserer Wahl innerhalb 30 Tagen mit $1^1/_2$% Skontoabzug oder nach 3 Monaten netto. Etwaige in Rechnung gestellte Verpackung ist bei freier Rücksendung gutzuschreiben. Ferngespräche sind unverbindlich.

Gegenstände: ....

....

....

Versandadresse: ....

Versandstation: ....

Versandort: ....

Lieferzeit: ....

Bemerkungen: ....

....

....

Neustadt, den ....

Städtisches Elektrizitätswerk.

Die Bestellungen erhalten fortlaufende Nummern und werden Durchschläge nach diesen Nummern chronologisch aufbewahrt. Die Bestätigungen, Versandanzeigen und sonstiger Schriftwechsel sind den Durchschlägen nachzuheften.

Der Magazinverwalter führt ein Lagerbuch, in welches die Lagereingänge und Ausgänge in chronologischer Reihenfolge eingetragen werden. Außerdem wird für jede Art von Waren und Gegenständen eine Lagerkarte nach nachstehendem Muster angelegt.

Gegenstand: Porzellanisolatoren R. M. I.

Eiserner Bestand 500 Stück.

Lagerbuchseite	Datum	Eingang	Ausgang	Bestand	Nr. des Eingangs bzw. Versandanzeige	Bemerkungen
10	15. 1.	1500	—	1500	25	
17	20. 1.	—	500	1000	49	
24	1. 2.	—	1000	—	53	Anzeige 1. 2.
118	15. 6.	43	—	43	207	

Der Vermerk „Eiserner Bestand" bedeutet, daß der Magazinverwalter sofort Anzeige machen muß, wenn durch Versandaufträge der eiserne Bestand unterschritten wird, damit Neubestellung erfolgen kann.

Im vorliegenden Falle sind 1500 Isolatoren bestellt und am 15. 1. eingegangen. Der Magazinverwalter trägt dies in das Lagerbuch ein und berichtigt die Lagerkarte. Gleichzeitig macht er Meldung über den Eingang an das Bestellbureau.

Lagereingangsanzeige Nr. 25.

Am 15. 1. 13 gingen mit der Bahn frei ein:
Firma: Porzellanfabrik N. N. in X.
Gegenstand: 1500 Isolatoren R. M. I ohne Stützen.
Verpackung: 10 Holzfässer.
Eingangskosten: 3,25 M. Rollgeld.

(Datum, Unterschrift.)

Im Bestellbureau wird an der Hand dieser Anzeige die Richtigkeit der Bestellung geprüft, die Bestellkarte berichtigt und dann die etwa eingegangene Rechnung angewiesen, wobei Skontoabzüge zu beachten sind.

Die Rechnung über 350 M. wird in bar bezahlt. Der Kassierer verbucht diesen Betrag im Kassenkonto Habenseite. Die Gegenbuchung Sollseite findet auf einem neuanzulegenden Konto: Magazinkonto statt.

Am 19. 1. erhält das Magazin Auftrag, 500 Isolatoren an die Baukolonne auszugeben.

Versandauftrag Nr. 17.

Gegenstand: 500 Isolatoren R. M. I ohne Stützen.
Empfänger: Baukolonne z. H. des N. N.
Versandort: —

(Datum, Unterschrift.)

Das Magazin befolgt den Auftrag am 20. 1., berichtigt Lagerbuch und Bestandskonto und macht der Buchhaltung Meldung.

Versandanzeige Nr. 49.

Gegenstand: 500 Isolatoren R. M. I ohne Stützen.
Empfänger: Baukolonne z. H. des N. N.
Versandort: —
Verpackung: —
Versandkosten: —

(Datum, Unterschrift.)

Es sei bemerkt, daß alle Anzeigen mit Durchschriften unter fortlaufender Nummer zu erfolgen haben.

Die Buchhaltung schreibt den Wert der ausgegebenen 500 Isolatoren mit den Selbstkosten (im vorliegenden Falle 117 M.) auf Habenseite vom Magazinkonto ab. Da die 500 Isolatoren noch nicht definitiv verwendet sind, muß ihr Verbleib kontrolliert werden, daher Gegenbuchung Sollseite Kontokorrentkonto unter der Angabe: „An Magazinkonto Isolatoren Baukolonne N. N. 117 M.“ Wird dann später durch die Abrechnung die Verwendung von 457 Isolatoren festgestellt, so gehen 43 Isolatoren an das Magazin zurück und die Buchhaltung erhält Anweisung zur Verbuchung der verwendeten Menge. Die Verbuchung erfolgt: mit 107 M. Kontokorrentkonto Habenseite und Hausanschlußkonto Sollseite. Inzwischen hat der Magazinverwalter Anzeige über den Wiedereingang der 43 Isolatoren gemacht.

Rücklieferschein Nr. ...

Gegenstand: 43 Isolatoren R. M. I ohne Stützen.
Einsender: Baukolonne N. N.
Eingangskosten: —

(Datum, Unterschrift.)

Die Buchhaltung verbucht den Wert dieser 43 Isolatoren mit 10 M.: Habenseite Kontokorrentkonto, Sollseite Magazinkonto. Sind bei der

Bauausführung 5 Isolatoren zerbrochen worden, so werden diese mit dem Werte als zur Bauausführung gehörig Hausanschlußkonto Sollseite und Kontokorrentkonto Habenseite mit verbucht. Verheimlicht der Kolonnenführer den Abgang der Isolatoren, so bleibt ihm diese Menge mit dem Werte im Kontokorrentkonto auf der Sollseite stehen und er muß schließlich über den Verbrauch Rechenschaft ablegen.

Es kommt fast regelmäßig vor, daß eine Firma bestellte Gegenstände mit Verpackung liefert und letztere mit dem Bemerken in Rechnung stellt, daß der Wert der Verpackung bei Rücksendung gutgeschrieben wird. Man wird natürlich die Verpackung nicht mit bezahlen, sondern sie zurücksenden und Gutschrift verlangen. Das geht aber nicht immer Zug um Zug, und deshalb muß die Verpackung unter Kontrolle gehalten werden. Zu diesem Zwecke legt man ein Verpackungskonto an

Beispiel:

Kupferwerk Neuhausen sendet 1200 kg Kupferdraht auf einer sog. Kabeltrommel. Sie stellt in Rechnung:

1200 kg Kupferdraht à % 170 M.	2040 M.
Kabeltrommel	30 „
	2070 M.

Verpackung wird gutgeschrieben bei freier Rücksendung.

Der Buchhalter verbucht: 2040 M. Kassenkonto Habenseite, Magazinkonto Sollseite, 30 M. Verpackungskonto Sollseite und Kontokorrentkonto (für Kupferwerk Neuhausen) Habenseite. Mit letzterer Buchung ist zum Ausdruck gebracht, daß ich dem Kupferwerk 30 M. schulde. Nach 4 Wochen wird die Kabeltrommel leer und dem Kupferwerk zurückgesandt. Der Magazinverwalter zeigt den Versand an die Buchhaltung an. Diese verbucht: 30 M. Verpackungskonto Habenseite und Kontokorrentkonto Sollseite. Das Kupferwerk wird nach Eingang der Trommel eine Gutschrift (sog. Kreditnota) über 30 M. schicken. Der Buchhalter prüft, ob auf Verpackungs- und Kontokorrentkonto die Ausbuchungen bereits erfolgt sind und legt die Kreditnota ab. Würde die Zurücksendung der Trommel unterlassen sein, so wird nach einigen Monaten das Kupferwerk die Begleichung des Betrages von 30 M. anmahnen. Dadurch stellt sich die unterlassene Zurücksendung heraus, und der Schaden kann behoben werden. Es kann aber auch die Buchhaltung des Kupferwerkes von dem Wiedereingang der Trommel keine Kenntnis erhalten haben und mahnt an. Es wird sich dann die irrtümliche Mahnung an der Hand der Bücher sofort herausstellen. Selbstverständlich sind alle Buchungen auch auf dem Personenkonto des Kupferwerkes (siehe S. 8) zu vermerken.

III. Die laufende Verwaltung und deren Konten.

Nachdem der Bau ganz beendet ist, oder schon während des Baues teilweise wird der Betrieb aufgenommen. Die laufenden Ausgaben des Betriebes und die eingehenden Einnahmen aus Stromgeldern, Zähler mieten müssen natürlich vollkommen getrennt von den bisher erwähnten Bestandskonten (das Kontokorrentkonto gehört aber insoweit nicht dazu) verbucht werden. Es ist streng zu unterscheiden zwischen der laufenden Verwaltung und den im Betriebe festgelegten Werten, wenn auch beide rechnungsgemäß organisch zusammenhängen und ineinandergreifen.

Zum Zwecke der laufenden Verwaltung mit ihren Ausgaben und Einnahmen ist eine Gewinn- und Verlustrechnung zu führen und diese Rechnung in einzelne Konten zu zergliedern.

Allgemein ist die Meinung verbreitet, daß sich die doppelte kaufmännische Buchhaltung auch für die gewerblichen Betriebe der Gemeinden nicht eigne, weil sie sich in einen Etat der Gemeinde nicht einfügen lasse, und dadurch das Etatsfestsetzungsrecht der Gemeindekörperschaften geschmälert werde. Diese Ansicht ist grundverkehrt, denn es läßt sich auch ganz gut eine kaufmännische doppelte Buchführung an der Hand eines Etats einführen und auf der Grundlage der Zahlen des Etats Abrechnung halten.

Ein Etat kann also aufgestellt werden entweder als Teil des allgemeinen Gemeindeetats oder als Sonderetat des Elektrizitätswerkes. Wird letzterer Weg gewählt, so wird man etwa den Etat wie folgt gestalten:

A. Einnahmen: Stromgeld, Zählermiete, Zinsen, aus Installationen, aus Handel, sonstige Einnahmen.

B. Ausgaben: Gehälter und Löhne, Versicherungsbeiträge, Betriebsmaterialien, Unterhaltung der Zentrale, Unterhaltung der Gebäude, Leitungsnetzunterhaltung, Zinsen und Tilgung der Anleihe, sächliche Verwaltungskosten, allgemeine laufende Unkosten.

Für das städtische Werk wird umstehender Etat aufgestellt.

Außer den bisher bekannt gewordenen, S. 9 erwähnten Konten für die Vermögensbestände kommen jetzt neu hinzu die Konten der laufenden Verwaltung, d. h. der laufenden jährlichen Einnahmen und Ausgaben. Die bisher bekannt gewordenen Konten beziehen sich auf die Einzelwerte der Betriebsanlagen und -einrichtungen; sie stellen das Vermögen des Werkes in seinen einzelnen Bestandteilen dar. Man nennt sie Bestandskonten, Vermögenskonten. Die Konten der laufenden Verwaltung sollen die Betriebseinnahmen und -ausgaben nachweisen;

Pos.	Gegenstand der Einnahme bzw. Ausgabe	Betrag ℳ	Betrag ₰	Gegen das Vorjahr mit ℳ	Gegen das Vorjahr mit ₰	Mehr ℳ	Mehr ₰	Weniger ℳ	Weniger ₰	Bem.
	A. Einnahmen.									
1.	Aus Stromgeldern	443 000	—			443 000	—			
2.	„ Zählermieten	50 000	—			50 000	—			
3.	„ Verleihungen	1 000	—			1 000	—			
4.	„ Installationen	10 000	—			10 000	—			
5.	„ Zinsen	500	—			500	—			
6.	„ Warenverkauf.	1 000	—			1 000	—			
7.	„ d. Grundbesitz (Wohnungen)	1 500	—			1 500	—			
8.	Sonstige Einnahmen	1 000	—			1 000	—			
	Zusammen	508 000	—			508 000	—			
	B. Ausgaben.									
	I. Direktion und Verwaltung.									
1.	Gehalt dem Direktor.	7 500	—			7 500	—			
2.	„ für 2 Betriebsingenieure .	7 200	—			7 200	—			
3.	„ „ 1 Montageinspektor .	2 400	—			2 400	—			
4.	„ „ 4 Buchhalter à 1800 ℳ	7 200	—			7 200	—			
5.	„ „ 3 Gehilfen à 1200 „	3 600	—			3 600	—			
6.	„ „ 4 Betriebsmonteure .	6 000	—			6 000	—			
7.	Reisekosten, Spesen u. dgl. . . .	1 200	—			1 200	—			
8.	Für Papier und ähnliche Bureaubedürfnisse	1 800	—			1 800	—			
9.	Fernsprecher	400	—			400	—			
10.	Porto	600	—			600	—			
11.	Versicherungsbeiträge	600	—			600	—			
12.	Sonstiges	2 000	—			2 000	—			
	Zusammen I. Direktion	40 500	—			40 500	—			
	II. Stromerzeugung.									
1.	Gehalt für 2 Maschinisten . . .	3 000	—			3 000	—			
2.	„ „ 2 Heizer	2 400	—			2 400	—			
3.	„ „ 1 Maschinenmeister .	1 800	—			1 800	—			
4.	Lohn für Arbeiter	5 000	—			5 000	—			
5.	Für Kohlen und sonstige Betriebsmaterialien	80 000	—			80 000	—			
6.	Für Reparaturen usw.	3 000	—			3 000	—			
7.	Versicherungsbeiträge	1 000	—			1 000	—			
8.	Sonstige Ausgaben.	4 800	—			4 000	—			
	Zusammen II. Stromerzeugung	101 000	—			101 000	—			
	III. Unterhaltung der Gebäude.									
1.	Für einen Portier	1 000	—			1 000	—			
2.	Steuern, Feuerversicherung u. dgl.	1 000	—			1 000	—			
3.	Bauliche Unterhaltung	5 000	—			5 000	—			
4.	Sonstiges	1 000	—			1 000	—			
	Zusammen III. Gebäude	8 000	—			8 000	—			

Pos.	Gegenstand der Einnahme bzw. Ausgabe	Betrag ℳ	Betrag ₰	Gegen das Vorjahr mit ℳ	Gegen das Vorjahr mit ₰	Mehr ℳ	Mehr ₰	Weniger ℳ	Weniger ₰	Bem.
	IV. Unterhaltung des Leitungsnetzes.									
1.	Für die Unterhaltung	10 000	—			10 000	—			
2.	Haftpflichtversicherung	1 000	—			1 000	—			
	Zusammen IV. Leitungsnetz	11 000	—			11 000	—			
	V. Verzinsung und Tilgung der Anleihe.									
1.	Zinsen	260 000	—			260 000	—			
2.	Tilgung	65 000	—			65 000	—			
	Zusammen V. Anleihedienst	325 000	—			325 000	—			
	Hierzu IV.	11 000	—			11 000	—			
	„ III.	8 000	—			8 000	—			
	„ II.	101 000	—			101 000	—			
	„ I.	40 500	—			40 500	—			
	Gesamtausgabe	485 500	—			485 500	—			
	Gesamteinnahme	508 000	—			508 000	—			
	Überschuß	22 500	—			22 500	—			

man nennt sie daher Betriebskonten oder auch Erfolgskonten, Ertragskonten. Die Gehälter, Löhne usw. werden auf den Betriebskonten verbucht. Handelt es sich dagegen um Zahlungen zur Erhöhung des Wertes der Betriebseinrichtungen, so erfolgt die Verbuchung bei den Bestandskonten. Wird z. B. eine neue Maschine gekauft, so erfolgt die Verbuchung Kassenkonto Habenseite, Maschinenkonto Sollseite. Die laufenden Einnahmen und Ausgaben des Betriebes werden dadurch nicht berührt. Voraussetzung dafür ist, daß zur Anschaffung der Maschine anderweit Geld zur Verfügung stand. Nach der S. 34 angegebenen Kontengegenüberstellung hat das Bankkonto einen Bestand von 280 000 M. Hiervon geht der Betrag des Rückstellungskontos mit 100 000 M. ab, so daß noch 180 000 M. zur Verfügung stehen, aus welchem Betrage die Anschaffung der Maschine erfolgen kann. Angenommen nun, zur Anschaffung der Maschine ist Geld nicht als Vermögensbestand verfügbar und die Bezahlung wird aus dem gerade vorhandenen Kassenbestande (der aus den laufenden Einnahmen herrührt) bewirkt, so würde der Überschuß der Einnahmen über die Ausgaben am Schlusse des Jahres zum Teil aus barem Gelde, zum Teil aus dem Werte der angekauften Maschine bestehen. Es hat mit dem auf diese Weise zum Ankaufe der Maschine ausgegebenem Betrage eine Imvorausverwendung von künftigen verfügbaren Überschüssen stattgefunden.

In Übereinstimmung mit den Abschnitten des Etats werden die Betriebskonten eingerichtet. Da fast die meisten Konten entweder nur

Einnahmen bzw. Ausgaben haben, trennt man zweckmäßig jedes Konto nach Soll und Haben, d. h. man verfährt nicht so, wie es bisher gezeigt worden war, daß man links die Sollseite und rechts die Habenseite hat, sondern man führt die Sollseite getrennt von der Habenseite. Hat ein Konto nur Ausgaben, so erscheinen diese sämtlich auf der Sollseite. Da Einnahmen nicht vorhanden sind, ist die Habenseite überflüssig und bedeutet Papierverschwendung. Sollte wider Erwarten doch eine Einnahme vorkommen, so kann man ein Kontoblatt Habenseite zu jeder Zeit noch anlegen.

Die nach dem Etat einzurichtenden Konten würden heißen: Stromkonto, Zählermietenkonto, Verleihungskonto, Installationskonto, Warenverkaufskonto, Grundbesitzkonto, Zinsenkonto, Konto für Sonstiges, Direktionsverwaltungskonto, Stromerzeugungskonto, Gebäudeunterhaltungskonto, Leitungsnetzunterhaltungskonto.

1. Das Stromkonto und **2. das Zählermietenkonto.** Die Stromgelder und Zählermieten werden durch besondere Kassierer eingezogen und täglich an die Kasse abgeführt. Jeder Kassierer bekommt eine Inkassoliste über die Beträge, die er einziehen soll. Nachdem nun die Rechnungen ausgeschreiben (siehe S. 27) und in der Inkassoliste zusammengestellt sind, ergibt sich, daß der Kassierer Müller 22 150 M. einzuziehen hat, und zwar 19 125 M. Stromgelder und 3025 M. Zählermieten. Es wird verbucht: 22 150 M. Kontokorrentkonto Sollseite an Stromkonto und Zählermieten; ferner Stromkonto Habenseite: per Kontokorrentkonto 19 125 M. und Zählermieten-Konto Habenseite: per Kontokorrentkonto 3025 M. Die Beträge an Stromgeldern und Zählermieten, welche der Kassierer Müller täglich abliefert, werden verbucht: Kassenkonto Sollseite und Kontokorrentkonto Habenseite. Der Konsument Neumann erklärt, daß er seine Rechnung nicht bezahle, weil sie einen Rechenfehler oder dgl. enthalte. Der Einwand ist zutreffend, und zwar waren 10,50 M. zuviel berechnet. Es wird eine neue, um diesen Betrag niedrigere Rechnung ausgefertigt und die 10,50 M. verbucht: Kontokorrentkonto Habenseite und Stromkonto bzw. Zählermietenkonto Sollseite. Der Konsument Schulze ist verarmt und kann seine Rechnung über 6,50 M. Stromgeld und 0,50 M. Zählermiete nicht zahlen. Man könnte nun den Ausfall ebenfalls Kontokorrentkonto Habenseite und Stromkonto bzw. Zählermietenkonto Sollseite verbuchen. Da aber die Ausfälle besonders kenntlich gemacht werden sollen, legt man ein Ausfälle- (Delkredere-)konto an und verbucht die 7 M. Ausfall: Kontokorrentkonto Habenseite und Ausfällekonto Sollseite. Sollte später ausnahmsweise der Betrag noch eingehen, so verbucht man ihn Kassenkonto Sollseite, Ausfällekonto Habenseite.

3. Verleihungskonto. Es handelt sich um Mieten für das Verleihen von Motoren, Heizkörpern usw. Die Verbuchung erfolgt in derselben Weise wie es bei den Stromgeldern gezeigt ist.

4. Installationskonto. Das Werk führt selbst Installationen aus mit eigenem Personal. Die Gehälter und Löhne für dieses Personal werden auf Installationskonto Sollseite verbucht; Gegenbuchung Kassenkonto Habenseite. Der Wert der für Installationen aus dem Magazin entnommenen Materialien wird verbucht: Magazinkonto Habenseite, Installationskonto Sollseite. Bei der Verbuchung der Löhne und Materialien auf der Sollseite des Installationskontos hat man sich vorzustellen, daß die Materialien einen Wert dieses Kontos bilden und der Wert erhöht wird durch die zur Weiterverwendung darauf gemachten Ausgaben. Durch den Akquisiteur des Werkes ist ein Auftrag auf Herstellung einer Installation vorgelegt worden. Der Kostenanschlag schließt mit 1200 M. ab, und zwar 800 M. Material und 400 M. Arbeitslohn. Der Auftrag wird in ein Kommissionsbuch eingetragen und erhält die laufende Nummer dieses Buches. Die Installationsabteilung erhält Auftrag zur Herstellung. Der Bauführer entnimmt, wie unter Abschnitt II, S. 15 über das Magazinwesen ausgeführt ist, die Materialien aus dem Magazin, und ist der Wert auf Kontokorrentkonto verbucht. Die Löhne der mit der Herstellung der Installationen beschäftigten Arbeiter werden wöchentlich gezahlt; die Verbuchung erfolgt: Kassenkonto Habenseite und Installationskonto Sollseite. Auf den Lohnzetteln ist auseinander zu halten, wieviel von den jedesmaligen Lohnbeträgen auf die einzelnen Installationen entfallen. Im Abrechnungsbureau werden aus den Lohnzetteln diese Beträge ausgezogen und auf den einzelnen Kommissionsnummern vermerkt. Ist die Installation fertiggestellt, so gibt der Bauführer an, was für Material und wieviel von jeder Sorte er verwendet hat. Diese Angabe geht zur Abrechnungsstelle, wo die Selbstkosten der Materialien ermittelt und die Beträge dafür auf der Kommissionsnummer vermerkt werden. Alsdann wird für den betreffenden Anschlußnehmer die Rechnung ausgeschrieben. In dem hier als Beispiel gewählten Falle schloß der Kostenanschlag mit 1200 M. ab, und zwar 800 M. Material und 400 M. Arbeitslohn. Die Ausführung hat ergeben, daß die Kosten 1265,30 M. betragen, und zwar 820 M. Material und 445,30 M. Arbeitslohn. Es sind an Verbuchungsarbeiten vorzunehmen: a) Der Betrag der Rechnung für den Konsumenten mit 1265,30 M. Installationskonto Habenseite, Kontokorrentkonto Sollseite. b) Der Betrag von 820 M. für Material stellt nicht die Selbstkosten dar, die beim Ankauf dafür aufgewendet worden sind, diese Selbstkosten betragen vielmehr 510,90 M. Damit war im Kontokorrentkonto die Baukolonne belastet. Der Betrag von 510,90 M. wird also verbucht Kontokorrentkonto Habenseite und Installationskonto Sollseite. c) Die Abrechnungsstelle hat auf der Kommissionsnummer eingetragen: 310,65 M. anteiliger Arbeitslohn und 510,90 M. für Material. Dies sind mit zusammen 821,55 M. tatsächlich die für die Herstellung der Installation aufgewandten Selbstkosten. Hierzu kommen an sog. Regiespesen die Beträge für anteilige Verwaltungskosten, Arbeiterversicherungsbeiträge usw. Hier muß jedes Werk die prozentuale Höhe dieser Spesen ermitteln; ungefähr nimmt man sie in der Praxis mit 15% an. Zu dem Betrage von 821,55 M. kommt also ein Zuschlag von 15% mit 123,25 M., so daß die Selbstkosten 944,80 M. betragen. Der Verdienst des Werkes beträgt somit an der Installation 1265,30 — 944,80 = 320,50 M. Bezahlt der betreffende Konsument seine Rechnung mit 1265,30 M. bar, so erfolgt Verbuchung: Kassenkonto Sollseite, Kontokorrentkonto Habenseite.

5. Warenverkaufskonto. Das Elektrizitätswerk betreibt auch den Handel mit Beleuchtungskörpern, Glühlampen, Heizkörpern, Motoren usw. Derartige Gegenstände werden bestellt, geliefert und gehen ins Magazin oder die gemieteten Läden. Die Zahlung (Banküberweisung) wird verbucht: Bankkonto Habenseite, Magazinkonto (oder Ladenkonto) Sollseite. Etwaige Ladenmieten oder Gehälter für Verkäufer werden Kassenkonto Habenseite und Warenverkaufskonto Sollseite verbucht. Es kauft nun jemend einen Motor für 350 M., die Selbstkosten betragen 210 M. Es wird Rechnung über 350 M. ausgestellt und folgende Verbuchung vorgenommen: Warenverkaufskonto Habenseite 350 M., Kontokorrentkonto Sollseite 350 M. Magazinkonto Habenseite 210 M., Warenverkaufskonto Sollseite 210 M.[1]). Der Käufer zahlt seine Rechnung bar; Verbuchung: Kassenkonto Sollseite und Kontokorrentkonto Habenseite.

6. Grundbesitzkonto. Hier werden die Mieten aus Wohnungen im Verwaltungsgebäude verbucht, und zwar Habenseite, Gegenbuchung: Kassenkonto Sollseite.

7. Zinsenkonto. Hier werden verbucht: a) die eingekommenen Bankzinsen für angelegte Bestände Zinsenkonto Habenseite, Bankkonto Sollseite; b) die für die aufgenommenen Anleihen gezahlten Zinsen: Zinsenkonto Sollseite, Bankkonto Habenseite. Eventuell kommen auch hier die Skontoabzüge zur Verbuchung (siehe S. 9).

8. Konto für Sonstiges. Sonstige Einnahmen und Ausgaben kommen hier zur Verbuchung, und zwar: Einnahmen Habenseite, Ausgaben Sollseite. Gegenbuchungen: Kassenkonto: Einnahmen Sollseite und Ausgaben Habenseite.

9. Direktionsverwaltungskonto. Hier kommen die Verwaltungskosten der Direktion zur Verbuchung, und zwar Sollseite.

10. bis 13. Stromerzeugungskonto, Gebäudeunterhaltungskonto, Leitungsnetz-Unterhaltungskonto. Hier kommen die entsprechenden Ausgaben auf den Sollseiten zur Verbuchung. —

---

[1]) Diese letztere Buchung, Magazinkonto — Warenverkaufskonto, kann auch unterbleiben, siehe S. 26.

Das Konto „Direktionsverwaltung“ Sollseite würde etwa so aussehen:

Datum	Soll	Betrag		Davon entfallen: Gehälter		Löhne		Vers.-Beiträge		Reisekosten		Bureaubedürfnisse		Porto		Sonst. persönl. Ausgab.		Sonstige sächliche Ausgaben		usw.	
		ℳ	₰	ℳ	₰	ℳ	₰	ℳ	₰	ℳ	₰	ℳ	₰	ℳ	₰	ℳ	₰	ℳ	₰	ℳ	₰
2. 1.	An Kassenkonto, Gehälter lt. Nachweisung	2230	—	2230	—																
3. 1.	An Kasse Löhne lt. Lohnliste . . .	875	43			853	80	21	63												
5. 1.	„ „ Meier für Papier usw. . .	281	30									281	30								
5. 1.	„ „ für Porto	50	—											50	—						
10. 1.	„ Bankkonto Siemens für Apparate	1500	—															1500	—		
11. 1.	„ Kasse Direktor N. N.	55	—							55	—										

Das Konto „Stromerzeugung“ Sollseite würde aussehen:

Datum	Soll	Betrag		Davon entfallen: Gehälter		Löhne		Vers.-Beiträge		Sonst. persönl. Ausgab.		Kohlen		Öl		Putzzeug usw.		Reparaturen		Sonst. sächl. Ausgab.		usw.	
		ℳ	₰	ℳ	₰	ℳ	₰	ℳ	₰	ℳ	₰	ℳ	₰	ℳ	₰	ℳ	₰	ℳ	₰	ℳ	₰	ℳ	₰
2. 1.	An Kasse Gehälter lt. Nachweis . .	250	—	250	—																		
3. 1.	„ „ lt. Lohnliste	127	30			121	50	5	80														
6. 1.	„ Bank Annagrube	5380	—									5380	—										

Wie bereits oben erwähnt, trennt man die Betriebskonten nach Soll und Haben und legt gewissermaßen zwei Konten an. Das Formular des Kontos erweitert man durch Erläuterungsspalten zur Darstellung, für welche einzelnen Zwecke die Beträge verwendet worden sind. Man fügt Erläuterungsspalten über Gehälter, Löhne, Arbeiterversicherungsbeiträge usw. an und kann aus einer Zusammenrechnung der Spalten Arbeiterversicherungsbeiträge z. B. feststellen, wieviel bisher oder im ganzen Jahre für diesen Zweck verwendet worden sind. Die Erläuterungsspalten kann man auch nach den einzelnen Positionen des betreffenden Etatsabschnittes einteilen, je nachdem es für den eigenen Zweck für praktisch gehalten wird. (Vgl. im übrigen Abschnitt V.)

Die Sollseite des Installationskontos würde aussehen:

Dat.		Betrag		Davon entfallen											
				Gehälter		Löhne		Versich.-Beiträge		Material		Sonstige Spesen		usw.	
		ℳ	₰	ℳ	₰	ℳ	₰	ℳ	₰	ℳ	₰	ℳ	₰	ℳ	₰
5. 1.	An Kassenkonto	111	50			111	50								
10. 1.	„ „	251	30	250	—			1	30						
12. 1.	„ Magazinkonto	335	80							335	80				
12. 1.	„ Kassenkonto	29	73					29	73						
13. 1.	„ „	1	50									1	50		

Es bleibt in diesem Zusammenhange auch das Kassenkonto zu erwähnen. Es weist die Bewegungen der baren Kassenbestände nach, sowohl derjenigen der laufenden Verwaltung als auch derjenigen der Vermögensbestände. Das Konto gehört nicht zu den Betriebskonten. Das Geld bildet einen Vermögensbestand, und gehört daher das Kassenkonto zu den Bestandskonten. Da das Konto Einnahmen und Ausgaben enthält, trennt man es zweckmäßig ebenfalls nach Soll und Haben. Der Kassierer verbucht nur die Einnahmen, die er hatte und die Ausgaben, die er leistete. Er weiß oft nicht, auf welchen Konten die Gegenbuchungen stattfinden und unterläßt daher eine Angabe der Gegenkonten; dies ist dann vielmehr Sache des Buchführers.

Datum	Haben	Betrag ℳ	₰	Konto	Nr. der Belege
2. 1.	Direktor N. N. und andere Gehalt	2 230	—	Direktion, Verwaltung	
2. 1.	Landesversich.-Anstalt Zinsen	60 000	—	Zinsen	

In gleicher Weise wie das Kassenkonto wird das Bankkonto geführt. Der Buchführer holt sich zu bestimmten Zeiten das Kassen- bzw. Bankkontobuch und führt danach die Gegenbuchungen aus. Die Belege müssen dem Buchführer mit vorgelegt werden, damit er auf ihnen die erfolgte Buchung vermerken kann. Die auf Postscheck eingehenden und ausgehenden Beträge kommen auf Bankkonto zur Verbuchung.

Durch Eröffnung eines Kontos bei einer Bank und eines Postscheckkontos ist der bargeldlose Verkehr eingeführt. Das mit der Post eingehende Geld kommt auf Postscheckkonto, die übrigen Gelder läßt man auf die Bank überweisen. Der Kassierer soll über das Bank- und Postscheckguthaben nicht verfügen dürfen, die Vollziehung von Bank- oder Postschecküberweisungsaufträgen vielmehr ausschließlich Sache des Werkleiters sein. Über die wenigen Gelder, welche bei dem Kassierer persönlich bar eingezahlt werden, hat außer dem Kassierer noch ein zweiter Beamter zu quittieren. Sache des zweiten Beamten ist es, sich davon zu überzeugen, daß die quittierten Beträge auch im Kassenkonto verbucht sind. Im Kassenlokal ist durch einen Aushang darauf hinzuweisen, welche Angestellten zur Quittungsleistung berechtigt sind.

Allmonatlich regelmäßig und sonst hin und wieder unverhofft soll die Kasse revidiert werden. Zu diesem Zwecke werden Kassen- und Bankkonto abgeschlossen und festgestellt, ob der Kassenbestand mit dem Kontenbestande stimmt. Alsdann werden an der Hand der Belege und der Scheckbücher die einzelnen Buchungen auf ihre Richtigkeit geprüft und insbesondere festgestellt, ob die auf Postscheck- und Bankkonto eingegangenen Beträge und die gegen Scheck abgehobenen Beträge verbucht sind.

IV. Die Ausschreibungen von Rechnungen und die eingehenden Rechnungen.

Das Elektrizitätswerk hat Rechnungen auszuschreiben für gelieferte Waren, hergestellte Installationen und gelieferten Strom nebst Zählermiete. Es sind aus dem Magazin auf besondere Anweisung 100 Stück Glühlampen abgesandt worden. Der Lagerverwalter macht seine Versandanzeige über 100 Lampen an das Bureau. Im Bureau wird für den Empfänger eine Rechnung ausgeschrieben unter Zugrundelegung des festgelegten Verkaufspreises für die Lampen.

Elektrizitätswerk Neustadt.

Rechnung

für Herrn Heinrich Hoffmann, Neustadt.

Wir lieferten Ihnen auf Ihre Bestellung vom 18. cr.

		M.	Pf.	M.	Pf.
22. 8.	100 Metalldrahtlampen 25 Kerzen . . . . à	1	20	120	—

Zahlung innerhalb 2 Wochen ohne jeden Abzug erbeten.

Die 100 Lampen haben im Einkauf 87,50 M. gekostet. Es wird gebucht: Warenverkaufskonto 120 M. Habenseite, Kontokorrentkonto 120 M. Sollseite. Der Empfänger bezahlt, und es wird gebucht: Kassenkonto Sollseite 120 M., Kontokorrentkonto Habenseite 120 M. Die direkte Verbuchung auf Warenverkaufskonto hat zur Voraussetzung, daß die Lampen beim Einkauf nicht über Magazinkonto bezahlt worden sind, sondern auf Warenverkaufskonto, d. h. also, daß beim Einkauf die Lampen bezahlt und verbucht wurden: Kassenkonto Habenseite, Warenverkaufskonto Sollseite. Wären sie beim Einkauf verbucht worden: Kassenkonto Habenseite und Magazinkonto Sollseite, dann hätte man beim Verkauf verbuchen müssen: Magazinkonto Habenseite 87,50 M., Warenverkaufskonto Sollseite 87,50 M., Warenverkaufskonto Habenseite 120 M., Kontokorrentkonto Sollseite 120 M. und später bei Bezahlung Kontokorrentkonto Habenseite 120 M., Kassenkonto Sollseite 120 M. Um derartige zahlreiche Buchungen zu sparen, nimmt man die Waren beim Einkauf nicht auf Magazinkonto, sondern auf Warenverkaufskonto. Den Eingang und Ausgang der Waren hat der Magazinverwalter ebenso in den Lagerbüchern zu buchen, wie es S. 14 angegeben ist.

Die Bezahlung der ausgeschriebenen Rechnungen kontrolliert man durch periodische Nachprüfung des Kontokorrentkontos (vgl. die Ausführungen S. 32) und weiter dadurch, daß man für die Personen, mit welchen man in regelmäßiger Geschäftsverbindung steht, Personenkonten anlegt und für andere Personen Personensammelkonten (siehe S. 8). Diese Konten haben links ebenfalls die Sollseite, rechts die Habenseite.

Eine ganz besondere Arbeit wird das Ausschreiben der Stromrechnungen sein. Bei den meisten Werken mit Zählertarifen wird so verfahren, daß zuerst die Zählerstände abgelesen werden. Nach den Ergebnissen der Ablesungen wird der Stromverbrauch berechnet und für jeden Konsumenten eine Rechnung ausgeschrieben. Die Ergebnisse der Rechnungen werden in Strombücher eingetragen, worin jeder Konsument mit dem Zählerstande, dem Stromverbrauche und den zu zahlenden Beträgen vermerkt ist. Es empfiehlt sich, an Stelle der Strombücher Karten für jeden Konsumenten anzulegen. An einem Buche kann nur immer gleichzeitig eine Person arbeiten, beim Vorhandensein von Karten aber beliebig viele Personen. Zum Ausschreiben der Rechnungen bedient man sich zweckmäßig der rechnenden Schreibmaschinen. Diese schreiben zu gleicher Zeit Rechnung, die Einkassierungsliste des Erhebers und eine Zusammenstellung und rechnen die einzelnen Spalten auf. Angenommen das Elektrizitätswerk hat 3 Kassierer, welche monatlich die Rechnungsbeträge einzuziehen haben. Der Kassierer bekommt täglich die am Tage vorher ausgeschriebenen Rechnungen mit der dazugehörigen Einkassierungsliste. Am Dienstag bekommt der Kassierer A. 150 Rechnungen über 1500 M. Stromgeld und 175 M. Zählermiete. Diese Beträge werden verbucht: Stromgeldkonto Habenseite 1500 M., Zählermietenkonto Habenseite 175 M. und Kontokorrentkonto Sollseite 1675 M. Zur besseren Übersicht kann man für Stromgelder ein besonderes Kontokorrentkonto (etwa unter der Bezeichnung Kontokorrentkonto für Stromgelder) einrichten. Der Kassierer zieht von den Rechnungen ein 1200 M. Stromgelder und 115 M. Zählermieten. Er vermerkt die Zahlungen in seiner Einkassierungsliste und liefert diese und das Geld an die Kasse ab. Es wird gebucht: Kassenkonto Sollseite 1315 M., Kontokorrentkonto Habenseite 1315 M. Bureau bzw. Kasse haben dann dafür zu sorgen, daß die säumigen, auf der Einkassierungsliste als unbezahlt stehenden Konsumenten ihre Rechnungen bezahlen. Dafür, daß die Mahnung geschehen muß, sorgt das Kontokorrentkonto, denn es hat ja in unserem Falle noch eine Differenz von 1675 — 1315 = 360 M. aufzuweisen.

Die Ausstellung von Stromgeldrechnungen läßt sich vermeiden und das Stromgeld-Einziehungsverfahren vereinfachen, wenn man Zählerablesen und Einkassieren der Gelder vereinigt. Die Zählerableser sind gleichzeitig die Kassierer. Sie lesen die Zählerstände ab, rechnen Verbrauch und zu zahlenden Betrag aus und ziehen diesen sofort ein. Etwaige Unrichtigkeiten in der Ablesung und Berechnung werden sofort an Ort und Stelle erledigt, so daß schriftliche Reklamationen und deren schriftliche Beantwortung fortfallen. Das Verfahren hat auch den Vorzug, daß die Gelder durchschnittlich 4 Wochen früher einkommen und dadurch Zinsen verdient werden. Kann oder will ein Stromverbraucher nicht sofort zahlen, dann erhält er einen vorgedruckten Zettel, in welchem der Betrag angegeben ist, den er innerhalb 8 Tagen mit der Post einzusenden hat.

Jeder Stromverbraucher bekommt eine Ablesekarte, in welche jedesmal Zählerstand, Verbrauch und Stromgeldbetrag und Zählermiete eingetragen werden. Der Kassierer erhält vom Bureau ein mit demselben Vordruck versehenes Blatt, welches er mit einem Durchschreibebogen über die Karte des Konsumenten legt und seine Eintragungen macht. Auf dem Blatte quittiert der Kassierer durch Unterschrift und Stempel über die geleistete Zahlung, falls diese erfolgt. Mittels des Durchschreibebogens wird gleichzeitig die Quittung auf der Karte geleistet. Die Karte erhält der Konsument zurück; das Blatt geht ins Bureau. Ist Zahlung nicht geleistet, so wird ein Vermerk auf dem Blatte gemacht. An der Hand der Blätter stellt das Bureau fest, was eingenommen und was noch zu zahlen ist. Die eingegangenen Beträge werden sofort auf Stromgeld- bzw. Zählermieten- und Kassenkonto verbucht, die nicht eingegangenen Summen auf Stromgeld- und Kontokorrentkonto. Die Tätigkeit des Bureaus beschränkt sich nunmehr nur noch auf die Kontrolle der nicht bezahlten Beträge und die Berichtigung der Konsumentenkarten bzw. Bücher für statistische Zwecke. Um etwaigen Unterschleifen vorzubeugen, läßt man die Kassierer mit den Bezirken öfters wechseln. —

Die eingehenden Rechnungen gelangen an das Bestellbureau, wo sie (wie S. 13 angegeben) geprüft und bescheinigt werden. Sind die Rechnungen nicht in Ordnung, so hat das Bestellbureau sie an den Einsender zurückzugeben oder an die Stelle im Hause zu leiten, welche die Bestellung veranlaßt und den weiteren Schriftwechsel deshalb zu führen hat. Sind die Rechnungen in Ordnung, bescheinigt und angewiesen, so gehen sie zur Kasse zur Bezahlung. Die Kasse wird natürlich, um Zinsverluste zu vermeiden, erst mit Fälligkeit zahlen, d. h. innerhalb 30 Tagen mit Skontoabzug oder innerhalb 3 Monaten ohne Abzug. Da aber die Gegenstände, über welche die Rechnung ausgestellt ist, bereits vorhanden und in den Besitz des Werkes übergegangen sind, so muß dies in den Büchern sofort verbucht werden. Dies geschieht dadurch, daß der Betrag der Rechnung auf Kontokorrentkonto Habenseite verbucht wird. Die Gegenbuchung Sollseite findet auf dem Konto statt, wohin die Gegenstände gehören. Erfolgt dann später am Fälligkeitstage die Zahlung, so wird gebucht Kassenkonto Habenseite, Kontokorrentkonto Sollseite. Werden Skontoabzüge gemacht, so werden sie bei der zweiten Verbuchung Zinsenkonto Habenseite und Kontokorrentkonto Sollseite verbucht. Diesem Vorgang liegt folgende Erwägung zugrunde. Durch die frühere Zahlung büßt man die Zinsen des gezahlten Betrages (der sich bei der Bank befand) ein. Durch die frühere Zahlung bekommt man den Skontogewinn als Gegenleistung für die entgangenen Zinsen. Die Gegenstände, welche bezahlt worden sind, haben den Wert ohne den Skontoabzug und müssen mit diesem vollen Betrage zu Buch stehen. Wollte man bei Gegenständen, welche Betriebseinrichtungen bilden und auf den Bestandskonten zur Verbuchung kommen, den Skontoabzug absetzen und den um den Abzug verminderten Betrag auf dem Bestandskonto verbuchen, so würde das Zinsenkonto und damit der laufende Gewinn um diesen Betrag geschmälert sein.

Die Notwendigkeit der obenerwähnten Verbuchung der Rechnungen vor der Zahlung ergibt sich augenfällig am Jahresschluß. Angenommen, es sind für die Handelsabteilung Glühlampen im Werte von 500 M. bestellt und am 15. Dezember geliefert worden. Bezahlung innerhalb 30 Tagen mit 2% Skonto, also zum 15. Januar. Die Rechnung wird geprüft, angewiesen und verbucht: Warenverkaufskonto Sollseite 500 M., Kontokorrentkonto Habenseite 500 M. Gezahlt wird natürlich nicht sogleich. Am 2. Januar wird Inventur gemacht und die gelieferten Lampen, für welche der Betrag von 500 M. zu zahlen ist, mit in der Inventur aufgeführt. Würde die Verbuchung in der geschilderten Weise nicht vorgenommen worden sein, so würden die Lampen trotzdem mit als Bestände in die Inventur kommen. Da aber eine Verbuchung auf Warenverkaufskonto nicht erfolgt ist, so würde sich beim Abschluß des Warenverkaufskontos auf Grund der Inventur ein ganz falsches Bild ergeben und sich ein ganz anderer wie der wirklich erzielte Gewinn herausstellen. Wird im obigen Beispiel vom 15. Januar (also im neuen Geschäftsjahre) der Betrag von 500 M. abzüglich 10 M. Skonto mit 490 M. gezahlt, so verbucht man: Kassenkonto Habenseite 490 M., Kontokorrentkonto Sollseite 490 M., außerdem Kontokorrentkonto Sollseite 10 M. (Skontoabzug) und Zinsenkonto Habenseite 10 M. Der Skontoabzug kommt also als Zinsen dem neuen Jahre zugute.

Diese Verbuchung unter dem Gesichtspunkte, daß die Skontoabzüge einen Zinsgewinn bedeuten, kann nur für die laufende Verwaltung in Frage kommen. Zur Zeit des Baues ist sie praktisch wertlos, da die Zinsgewinne die allgemeinen Bauunkosten mindern würden, und die allgemeinen Bauunkosten nach den Ausführungen S. 10 auf die Anlage-(Bestands-)Konten verteilt werden. Damit kommen also die Skontoabzüge den Bestandskonten doch schließlich zugute.

Die eingehenden Rechnungen werden in der Reihenfolge des Eingangs in ein Eingangsbuch eingetragen. Das Buch hat folgende Spalten: 1. Nummer, 2. Tag des Eingangs, 3. Einsender, 4. Gegenstand der Forderung, 5. Betrag M., 6. Festgestellter Betrag M., 7. Bescheinigt zur Kasse am, 8. Bemerkungen.

Ist die oben erwähnte Rechnung für Glühlampen unter 10 M. Skontoabzug gezahlt und verbucht, so muß die Buchung auch auf dem Personenkonto (siehe S. 8) der liefernden Lampenfabrik erfolgen. Nachdem die Rechnung angewiesen und auf Kontokorrentkonto verbucht war, wurde bereits eine Buchung auf dem Personenkonto vorgenommen. Ist der Rechnungsbetrag bei der Prüfung aus irgendeinem Grunde geändert worden, so ist dies bei der Zahlung des Betrages der Lieferfirma mitzuteilen; ebenso der Skontoabzug. Bestätigt die Firma den Empfang des geänderten Betrages, so erklärt sie sich mit der Änderung einverstanden. Nehmen wir den Fall, es seien für 500 M. Waren geliefert. Die Verpackung ist mit 10 M. berechnet und soll bei Rücksendung gutgeschrieben werden. Die Rechnung lautet also über 510 M. Bei der Prüfung wird festgestellt, daß nur für 495 M. Waren geliefert worden sind. Die Rechnung wird berichtigt. Das Personenkonto sieht dann wie folgt aus:

Deutsche Gasglühlicht-Akt.-Ges. Berlin.

Soll	M.	Pf.	Haben	M.	Pf.
6. 4. Zahlung auf Lampen . .	485	10	8. 3. Gelieferte Waren (Lampen)	510	—
6. 4. Skontoabzug	9	90			
6. 4. Gutschrift auf Rechnung	5	—			
10. 4. Gutschrift a. Verpackung	10	—			

Die deutsche Gasglühlicht-Akt.-Ges. führt ein gleiches Personenkonto für das Elektrizitätswerk, nur mit dem Unterschied, daß die Eintragungen in die umgekehrten Spalten erfolgen. Bestehen zwischen Lieferant und Empfänger Unstimmigkeiten über geleistete Zahlungen oder Gutschriften, so teilt man sich gegenseitig eine Abschrift des Kontos (einen Kontoauszug) zur Prüfung mit.

V. Die Anlegung der Bücher.

Der Kaufmann ist nach den Vorschriften des Handelsgesetzbuches (1. Buch, 4. Abschn. § 38—47) verpflichtet Bücher zu führen. Die Bücher sollen gebunden und Blatt für Blatt oder Seite für Seite mit fortlaufenden Zahlen versehen sein. Der §42 bestimmt, daß bei einem Unternehmen des Reiches, eines Bundesstaates oder eines inländischen Kommunalverbandes die Befugnis der Verwaltung unberührt bleibt, die Rechnungsabschlüsse in einer von den Vorschriften des Handelsgesetzbuches abweichenden Weise vorzunehmen. Die Gemeinden können also für ihre gewerblichen Unternehmungen die Buchführung nach ihrem Ermessen einrichten.

Für den Kaufmann kommt einzig nur die sog. doppelte Buchhaltung, wie sie in ihren Grundzügen in den vorstehenden Abschnitten dargestellt ist, in Frage. Die sog. einfache Buchhaltung ist nur primitiv und eignet sich nur für Handwerker, Kleinkaufleute u. dgl. Bei der doppelten Buchhaltung werden die Geschäftsvorfälle fortlaufend in ein Buch, das Memorial eingetragen und von hier zusammengefaßt monatlich auf die einzelnen Konten übernommen. Jedem Konto sind in dem sog. Hauptbuche eine oder mehrere Seiten eingeräumt. Auf der linken Hälfte der Seite befindet sich das Soll, auf der rechten das Haben. Das Formular des Hauptbuches sieht genau so aus wie das S. 2 angegebene Konto. Da man von vornherein nicht weiß, wieviel Eintragungen ein Konto des Hauptbuches im Laufe des Jahres bekommen wird, muß man die Bogenzahl für ein Konto sehr reichlich wählen.

In den meisten großen industriellen und Handelsbetrieben hat man die sog. amerikanische oder Tabellenbuchhaltung eingeführt. Hier fällt das Memorial fort, und es wird ein sog. Tabellenjournal geführt. Es sind in dem Journal nebeneinander so viele Einzelspalten mit Soll und Haben aufgeführt, wie Konten bestehen; die Einrichtung ergibt sich aus dem nachstehenden Formular.

Tag	Gegenstand	Betrag		Kassenkonto				Bankkonto				Kontokorrentkonto				Grundstückskonto				Maschinenkonto			
				Soll		Haben		Soll		Haben		Soll		Haben		Soll		Haben		Soll		Haben	
		ℳ	₰	ℳ	₰	ℳ	₰	ℳ	₰	ℳ	₰	ℳ	₰	ℳ	₰	ℳ	₰	ℳ	₰	ℳ	₰	ℳ	₰

Einzelne Kontospalten sind so viel vorhanden, wie es Konten gibt. Aus diesem Grunde wird das Formular außerordentlich breit. Die einzelnen Seiten werden aufgerechnet; monatlich wird stets aufgerechnet und nach dem Hauptbuche übertragen. Die aufgerechneten Soll- und Habenbeträge müssen gleich sein und dem aufgerechneten Betrage der ersten Geldspalte entsprechen. Da bei einer Buchung fast immer nur ein Konto in Frage kommt, ist der Raum der betreffenden Reihe der übrigen Konten frei. Daraus ergibt sich eine große Papierverschwendung. Außerdem gibt es viele Konten, welche keine Sollbeträge, wieder andere, welche keine Habenbeträge aufweisen. Dadurch wird die Papierverschwendung noch größer. Man hat sich in der Weise geholfen, daß man an Stelle eines Journales mehrere anlegte, und zwar solche nur mit Soll- oder mit Habenspalten. Man hat ein besonderes Kassejournal, Bankjournal und Journal für sonstige Buchungen angelegt. Aus den besonderen Journalen werden monatlich die Posten wieder besonders zusammengefaßt und in das Hauptbuch übertragen.

Da hier der Zweck verfolgt wird, eine für die gewerblichen Betriebe der Gemeinden bestimmte Buchhaltung einzurichten, welche sich auf den Grundsätzen der doppelten kaufmännischen Buchhaltung aufbaut und deren bewährte Richtlinien beibehält, trotzdem aber eine Rechnungslegung an der Hand eines Haushaltplanes zuläßt, so mußten die im kaufmännischen Betriebe üblichen Bücher diesen besonderen Zwecken angepaßt werden. In neuester Zeit kommt man immer mehr von den Büchern ab und gibt dem Kartensystem den Vorzug. Die Vorzüge des Kartensystems sind so unbestreitbar, daß es überflüssig ist, dies hier noch nachzuweisen. Es sind daher auch hier für jedes Konto Einzelblätter gedacht, und zwar für jedes Konto zwei: eins für Soll und eins für Haben. Verschiedene Konten werden so viele Buchungen haben, daß ein Blatt nicht ausreichen wird; man fügt dann nach Bedarf neue Blätter an. Zum Jahresschluß werden die Blätter aller Konten zusammengelegt und in einem Buche gebunden. Diese Blätter bilden zugleich Journal und Hauptbuch. Wie bereits oben S. 24 erwähnt, sind auf jedem Kontoblatte Erläuterungsspalten angefügt. Kassenkonto, Bankkonto, Magazinkonto, Warenkonto und Kontokorrentkonto brauchen keine Erläuterungsspalten; dies ist nur auf den Blättern der anderen Konten erforderlich, wo die Gegenbuchungen stattfinden. Kassenkonto- und Bankkontoblätter erhalten folgendes Formular:

Kassenkonto — Haben.

Tag	Gegenstand der Zahlung	Betrag M.	Betrag Pf.	Konto	Konto M.	Konto Pf.	Beleg Nr.
2. 1.	Schulze u. Gen., Wochenlöhne lt. Nachweisung	379	55	Installation	321	60	19/28
				Hausanschlüsse . . .	40	—	
				Leitungsnetz-Unterh. .	17	95	
2. 1.	Provinzial-Feuerversicherung, Prämie	150	—	Verwalt.-Geb.-Unterh.	150	—	56
2. 1.	Therma G. m. b. H. für Bügeleisen	710	—	Waren	710	—	83
2. 1.	Hofmann u. Gen., Gehälter lt. Nachweisung	1150	—	Direktion-Verw. . . .	1150	—	118

Von der Buchhaltung wird nach den Angaben des Kassen- und des Bankkontos die Verbuchung auf die Gegenkonten vorgenommen. Im vorliegenden Falle überträgt der Buchhalter: den ersten Posten mit 321,60 M. auf Installationskonto, mit 40 M. auf Hausanschlußkonto und mit 17,95 M. auf Leitungsnetzunterhaltungskonto, den zweiten Posten auf Verwaltungsgebäude-Unterhaltungskonto, den dritten Posten auf Warenkonto, die vierten Posten auf Direktionsverwaltungskonto, und zwar überall Sollseite.

Das Kontokorrentkonto Habenseite kann nach dem gleichen Formular eingerichtet werden. Dagegen wird man dem Kontokorrentkonto Sollseite noch eine Spalte anfügen „bezahlt am ... ". Wird eine Rechnung z. B. über 25 M. für Lampen ausgeschrieben, so kommt dieser Betrag auf Kontokorrentkonto Sollseite (Gegenbuchung Warenkonto Habenseite). Das Geld geht ein und der Kassierer verbucht im Kassenkonto: „2./1. Müller für Lampen 25 M., Kontokorrentkonto 25 M., Beleg Nr. . . . ." Der Buchhalter verbucht danach Kontokorrentkonto Habenseite: „2./1. Müller für Lampen 25 M., Konto Kasse." Er sucht aus dem Kontokorrentkonto Sollseite die Eintragung heraus, vermerkt in der Spalte „Bezahlt am ... “ den 2./1. und trägt auf der Habenseite die Beleg-Nr. der Sollseite ein. Das Kontokorrentkonto Sollseite wird von Zeit zu Zeit nachgesehen, ob die Rechnungsbeträge eingegangen sind. Diese Kontrolle wird erleichtert durch die Spalte „Bezahlt am ... “ und erübrigt sich dadurch die Führung eines sog. Debitorenbuches, wie es im kaufmännischen Betriebe im Gebrauch ist.

Spalten für Gehälter, Löhne, Versicherungen werden auf jedem Konto wiederkehren. Man kann durch Zusammenrechnen z. B. aller Arbeiterversicherungsspalten feststellen, wieviel derartige Gelder bis zu einem bestimmten Tage oder im ganzen Jahre ausgegeben sind. Im übrigen enthält jedes Konto die seinem besonderen Zwecke entsprechenden Erläuterungsspalten, wobei man sich nach Möglichkeit nach den Einzelpositionen des Haushaltsplanes richten wird. Das Konto „Stromerzeugung“ wird z. B. folgende Erläuterungsspalten erhalten: Gehälter, Löhne, Versicherungsbeiträge, Kohlen, Öl, sonstige Betriebsmittel, Reparaturen usw.

Direktions-Verwaltungskonto. Sollseite.

Tag	Gegenstand der Zahlung	Betrag		Beleg	Von dem Betrage entfallen auf: Gehälter		Löhne		Arbeiter-Versich.		Sonstige persönl. Kosten		Haftpfl. u. Feuer-Versich.		Porto		Fernsprecher		Papier, Formulare		Bücher		Steuern, Abgaben		Mobiliar-Unterhalt		Sonstig. Bureaubedarf		Allgemeines	
		ℳ	₰	Nr.	ℳ	₰	ℳ	₰	ℳ	₰	ℳ	₰	ℳ	₰	ℳ	₰	ℳ	₰	ℳ	₰	ℳ	₰	ℳ	₰	ℳ	₰	ℳ	₰	ℳ	₰
2. 1.	Hofmann u. Gen. Gehälter lt. Nachw.	1150	—	118	1140	—			10	—																				
3. 1.	Herrmann für Papier, Federn usw. . . .	280	—	144															253	—							17	—		
4. 1.	Für d. Frankiermasch.	100	—	203											100	—														
4. 1.	Postamt hier	63	60	280													63	60												
5. 1.	Schulze u. Gen. . . .	33	50	350			32	30	1	20																				

Die Anzahl der Spalten richtet sich nach der Zweckmäßigkeit der Werksverwaltung. Als Belegsnummern werden die angegeben, welche im Kassen- oder Bankkonto angegeben sind.

Es kommen aber auch Buchungen vor, welche nicht aus baren Umsätzen bestehen und daher nicht durch Kassen- oder Bankkonto gehen. Es wird z. B. ein Zähler neu aufgestellt, der aus dem Magazin entnommen wurde. Der Zähler hat einen Wert von 25 M. Der Magazinverwalter macht eine Lagerausgangsanzeige und der Buchhalter verbucht auf diese Anzeige hin: Magazinkonto Habenseite 25 M., Zählerkonto Sollseite 25 M. Damit es hier dem Buchhalter nicht passiert, daß er diese 25 M. vielleicht falsch auf der Sollseite Magazinkonto und richtig auf der Sollseite Zählerkonto bucht, und zur Kontrolle der erfolgten Buchung drückt er auf das Schriftstück — im vorliegenden Falle die Lagereingangsanzeige — nebenstehenden Stempel.

Verbucht
Konto .... Soll ...... ℳ
Konto .... Haben .... ℳ

Bei Ausfüllung dieses Stempels wird der Buchhalter von selbst darauf kommen, ob er richtig oder falsch gebucht hat.

VI. Der Abschluß und die Bilanz.

Nach der Beendigung des Baues weisen die Soll- und Habenspalten nach gegenseitiger Aufrechnung folgende Bestände in ganzen Summen auf. (Die Beträge sind zur Erleichterung der Übersicht in runden Zahlen angegeben.)

Sollseiten ℳ		Habenseiten ℳ
51 000	1. Grundstückskonto	—
152 000	2. Gebäudekonto	—
1 800 000	3. Maschinenkonto	—
3 500 000	4. Leitungsnetzkonto	—
5 000	5. Transformatorenkonto	—
200 000	6. Hausanschlußkonto	—
50 000	7. Zählerkonto	—
8 000	8. Magazinkonto	—
50 000	9. Geräte- u. Apparatekonto	—
6 000	10. Mobilienkonto	—
280 000	11. Bankkonto	—
8 000	12. Kassenkonto	—
—	13. Kontokorrentkonto	—
30 000	14. Wertpapierkonto	—
—	15. Kautionskonto	30 000
—	16. Anleihekonto	6 500 000
130 000	17. Disagiokonto	—
—	18. Rückstellungskonto	100 000
360 000	19. Konto Allgemeine Unkosten	—
6 630 000		6 630 000

Die Beträge der Soll- und Habenseiten müssen zusammengerechnet gleich hoch sein, da in jedem einzelnen Buchungsfalle jeder Betrag zweimal gebucht worden ist, einmal auf der Sollseite, das andere Mal auf der Habenseite.

Der Betrag des Rückstellungskontos von 100000 M. bleibt bis zum Ende des ersten Betriebsjahres stehen, um damit eine Abschreibung (s. Seite 41) auf Hausanschlußkonto vorzunehmen. Der Betrag von 30 000 M. auf der Habenseite Kautionskonto gleicht sich aus mit dem gleichen Betrage Wertpapierkonto auf der Sollseite.

Der Betrag von 360 000 M. allgemeine Unkosten und der Betrag des Disagiokontos von 130 000 M. werden nach den Ausführungen siehe S. 10 auf die Konten 1 bis 7, 9, 10 nach dem Verhältnis der Höhe dieser Konten unterverteilt. Auf die übrigen Konten kann eine Verteilung nicht stattfinden, weil diese Konten keine Bestände der Anlage führen. Auf die einzelnen Konten entfallen: 1. = 4300 M., 2. = 13300 M., 3. = 152 900 M., 4. = 293 600 M., 5. = 300 M., 6. = 16 800 M., 7. = 4200 M., 9. = 4200 M-, 10. = 400 M. Die Verbuchung geschieht in der Weise, daß auf Disagiokonto Habenseite 130000 M., Konto Allgemeine Unkosten Habenseite 360000 M. und auf den Sollseiten der vorerwähnten Konten die oben angegebenen Einzelbeträge (von zus. 130000 + 360000 = 490000 M.) verbucht werden. Die Konten haben nun folgende Bestände:

Sollseiten ℳ		Habenseiten ℳ
55 300	1. Grundstückskonto	—
165 300	2. Gebäudekonto	—
1 952 900	3. Maschinenkonto	—
3 793 600	4. Leitungsnetzkonto	—
5 300	5. Transformatorenkonto	—
216 800	6. Hausanschlußkonto	—
54 200	7. Zählerkonto	—
8 000	8. Magazinkonto	—
54 200	9. Geräte- und Apparatekonto	—
6 400	10. Mobilienkonto	—
280 000	11. Bankkonto	—
8 000	12. Kassenkonto	—
—	13. Kontokurrentkonto	—
30 000	14. Wertpapierkonto	—
—	15. Kautionskonto	30 000
—	16. Anleihekonto	6 500 000
	17. (Das Disagiokonto ist fortgefallen)	
—	18. Rückstellungskonto	100 000
—	19. Konto Allgemeine Unkosten	—
6 630 000		6 630 000

Ist das Rechnungsjahr zu Ende, so werden die einzelnen Konten (Bestands- und Betriebskonten) abgeschlossen und die Bilanz gezogen. Geht während der Bauzeit, ohne daß der Betrieb aufgenommen ist, ein Rechnungsjahr zu Ende, so werden die vorhandenen Konten auch abgeschlossen und eine sog. Zwischenbilanz gezogen.

Die Aufnahme einer Inventur ist nur in besonderen Fällen notwendig, wo es gilt einen Verdienst festzustellen, z. B. beim Warenverkaufskonto. Es ist davon später noch die Rede.

Ein Offenhalten der Bücher über den Jahresschluß hinaus zum Zwecke der Verbuchung von später eingehenden Einnahmen und Ausgaben ist in der kaufmännischen Buchhaltung nicht in dem Maße erforderlich, wie bei der kameralistischen Buchhaltung, da in ersterer alle erst im neuen Jahre zur Erledigung kommenden Einnahmen und Ausgaben des alten Jahres bereits im Kontokorrentkonto nachgewiesen sind.

Der Abschluß der Konten geschieht in der Weise, daß man der Seite, welche einen niedrigen Gesamtbetrag aufweist, den Differenzbetrag hinzusetzt und so beide Seiten gleichmacht. Es hat z. B. das Zinsenkonto auf der Sollseite einen Gesamtbetrag von 3200 M., auf der Habenseite einen Gesamtbetrag von 300 000 M., so wird auf der Sollseite noch ein Betrag „an Saldo“ hinzugesetzt von 296 400 M., und beide Seiten weisen nunmehr als Endbetrag 300 000 M. auf. Die Differenzbeträge (die Saldobeträge) der Bestandskonten einschl. des Kontokorrentkontos werden auf ein neues Konto, das Bilanzkonto übertragen. Das Kassenkonto hat 210 000 M. auf der Sollseite (Einnahmen) und 205 000 M. auf der Habenseite (Ausgaben) stehen, so beträgt der Saldo (in diesem Falle also der bare Kassenbestand) 5000 M. Es wird auf der Habenseite eingetragen: „Per Bilanzkonto 5000 M.“ und damit ist das Kassenkonto auf der Soll- und der Habenseite ausgeglichen mit 210 000 M. Auf dem Bilanzkonto wies auf der Sollseite als Gegenbuchung eingetragen: An Kassenkonto 5000 M.

Das Gebäudekonto weist z. B. auf der Sollseite 250 000 M. auf, auf der Habenseite nichts. Auf der Habenseite wird ein Saldo „per Bilanzkonto“ an 250 000 M. eingestellt und auf dem Bilanzkonto auf der Sollseite „an Gebäudekonto“ derselbe Betrag.

Die Konten der laufenden Verwaltung (die Betriebskonten, siehe Abschnitt III) werden mit ihren Salden nicht auf Bilanzkonto, sondern auf Konto Gewinn- und Verlustrechnung übertragen. Es hat z. B. das Stromgeldkonto auf der Sollseite einen Gesamtbetrag von 3000 M., auf der Habenseite einen solchen von 445 000 M., dann wird auf der Sollseite ein Saldo von 442 000 M. eingestellt „an Gewinn- und Verlustkonto“ und im Gewinn- und Verlustkonto auf der Habenseite „per Stromgeldkonto 442 000 M.“

Nicht so einfach ist die Saldierung des Installationskontos und des Warenverkaufskontos. Würde man hier so verfahren, wie es vorstehend angegeben ist, so würde man nicht auf den richtigen Gewinn des Jahres kommen. Das Warenkonto hat z. B. für 50 000 M. Waren angekauft, wovon für 10 000 M. verkauft sind; bei diesem Verkauf ist verdient worden. Dieser Verdienst wird wie folgt ermittelt. Auf Warenkonto stehen Sollseite 50 000 M., Habenseite 10 000 M. Es wird am 1. Tage des neuen Geschäftsjahres Inventur gemacht und dabei ermittelt, daß im ganzen für 44 000 M. Waren vorhanden sind. Da für 10 000 M. verkauft worden sind, beträgt der Verdienst 50 000 — 44 000 M = 6000 M. abgezogen von 10 000 M. = 4000 M. Es wird verbucht: Warenkonto Habenseite: per Bilanzkonto 44 000 M., und Sollseite: an Gewinn- und Verlustkonto 4000 M. Die Gegenbuchungen finden statt: Bilanzkonto Sollseite „an Warenkonto 44 000 M.“ und Gewinn- und Verlustkonto Habenseite per Warenkonto 4000 M. Aus diesen Buchungen geht hervor, daß das Warenkonto 10 000 M. verkauft und am Jahresschlusse einen Vermögensbestand von 44 000 M. und einen Gewinn von 4000 M. hat. Beim Installationskonto ist nach Jahresschluß an der Hand des Kommissionsbuches festzustellen, welche Installationen begonnen haben, aber noch nicht verrechnet sind. Von diesen Aufträgen wird festgestellt, wieviel Löhne und Versicherungsbeiträge zu Lasten des Installationskontos bereits gezahlt worden sind. Da diese Ausgaben noch nicht in einer Rechnung berücksichtigt werden konnten, belasten sie das Installationskonto einseitig. Man kann sich folgendes vorstellen: Im Laufe eines Jahres sind 500 Installationen begonnen worden, aber nur für 50 Rechnungen ausgeschrieben über 4000 M. Der Rest von 450 Installationen ist noch nicht fertig und konnte nicht abgerechnet werden. An Löhnen usw. sind für diese 500 Installationen 15 000 M. ausgegeben. Da nur 4000 M. ausgeschrieben sind, würde das Konto einen Fehlbetrag von 11 000 M. aufweisen. Tatsächlich steckt aber in dem Rechnungs- (Fakturen-)Betrage von 4000 M. ein Gewinn von 800 M. Um diesen Gewinn zu ermitteln, müssen die Lohnbeträge usw. zusammengestellt werden, welche sich aus dem Kommissionsbuche für nicht abgerechnete Aufträge ergeben. Im vorliegenden Falle ergeben sich 11 800 M. Es werden auf Installationskonto gebucht: Habenseite „per Bilanzkonto 11 800 M.“, Sollseite „an Gewinn- und Verlustkonto 800 M.“. Gegenbuchungen: Bilanzkonto Sollseite „an Installationskonto 11 800 M.“, Gewinn- und Verlustkonto Habenseite „per Installationskonto 800 M.“. Das Installationskonto weist also nach: Sollseite 15 000 M. + 800 M. = 15 800 M., Habenseite 4000 M. + 11 800 M. = ebenfalls 15 800 M. und ersieht man daraus, daß im Jahre 800 M. Reinverdienst gewesen ist.

Die aus dem Kommissionsbuche für nicht abgerechnete Installationsaufträge ausgezogenen Beträge werden in ein besonderes Buch eingetragen, dessen Formular folgende Spalten hat: 1. Kom.-Nr., 2. Namen des Konsumenten, 3. Gezahlte Beträge: a) im einzelnen, b) im ganzen. Die Inventur des Warenkontos wird in gleicher Weise in ein besonders Buch eingetragen mit folgenden Formularspalten: 1. Menge, Gewicht, 2. Gegenstand, 3. Einkaufspreis. Nachdem man die Konten der laufenden Betriebsausgaben abgeschlossen und die Salden auf Gewinn- und Verlustkonto übertragen hat, wird auch das Gewinn- und Verlustkonto abgeschlossen und der Saldo auf Bilanzkonto übertragen. Hat das Gewinn und Verlustkonto mit einem Gewinn abgeschlossen, dann weist die Habenseite dieses Kontos einen höheren Betrag auf als die Sollseite. Zum Ausgleich wird ein Saldo auf der Sollseite eingestellt und auf die Habenseite des Bilanzkontos übertragen. Ist ein Verlust vorhanden, dann ist es umgekehrt. Hieraus ergibt sich, daß im Bilanzkonto der Gewinn auf der Habenseite, der Verlust auf der Sollseite steht.

Das Bilanzkonto stellt die Bilanz dar, wie sie als Geschäftsabschluß z. B. von Aktiengesellschaften mit Gewinn- und Verlustrechnung veröffentlicht werden muß. Die Gewinn- und Verlustrechnung ist weiter nichts wie das Gewinn- und Verlustkonto. An Stelle von Soll und Haben gibt man der Bilanz die Bezeichnung Aktiva, Passiva. Die Verdeutschung dieser Bezeichnungen mit Vermögen und Schulden ist nicht richtig, denn, wie bereits erwähnt, steht auf der Soll- (der Aktiv-) Seite des Bilanzkontos der Verlust, auf der Haben- (der Passiv-) Seite der Gewinn. Weshalb das so sein muß und mit Recht sein muß, wird später erläutert werden. Trotzdem ist es im großen und ganzen richtig, daß die Bilanz auf der Aktivseite das Vermögen, auf der Passivseite die Schulden nachweist.

An der Hand der Bilanz sieht man den Stand der ganzen Unternehmung, deren Wirtschaftlichkeit und Aussichten. Aus diesem Grunde ist sie das Wichtigste in der ganzen kaufmännischen Buchführung. In faulen Geschäften werden hier die Schiebungen (cum grano salis auch „Frisieren" genannt) ausgeführt. Bilanzverschleierungen oder gar Fälschungen sind gar nicht selten und werden beim Kaufmann mit Strafen bedroht. Der schlechte Geschäftsmann will seinen Mißerfolg verdecken, der gute (besonders gutgehende Aktiengesellschaften) aus bestimmten Gründen den Erfolg verschleiern; doch wird man im letzteren Falle von Fälschungen nicht reden können.

Folgt man dem S. 35 gegebenen Beispiele, so würde die am Schlusse des ersten Betriebsjahres gezogene Bilanz etwa folgendermaßen aussehen:

Aktiva.

1.	Grundstückskonto	55 300 M.
2.	Gebäudekonto (Zugang 600 M.)	165 900 „
3.	Maschinenkonto (Zugang 12 000 M.)	1 964 900 „
4.	Leitungsnetzkonto	3 793 600 „
5.	Transformatorenkonto	5 300 „
6.	Hausanschlußkonto (Zugang 1300 M., Abschreibung 100 000 M.)	118 100 „
7.	Zählerkonto (Zugang 750 M.)	54 950 „
8.	Magazinkonto (Abgang 1000 M.)	7 000 „
9.	Geräte- u. Apparatekonto (Zugang 10 100 M.)	64 300 „
10.	Mobilienkonto (Zugang 800 M.)	7 200 „
11.	Bankkonto	590 959 „
12.	Kassenkonto	6 500 „
13.	Kontokorrentkonto Debitoren	22 000 „
14.	Wertpapierkonto	30 000 „
15.	Warenverkaufskonto	18 000 „
16.	Installationskonto	6 100 „
		6 910 109 M.

Passiva.

1.	Anleihekonto	6 500 000 M.
2.	Kautionskonto	30 000 „
3.	Gewinn- und Verlustkonto, Gewinn	380 109 „
		6 910 109 M.

Zu dieser Bilanz ist zu bemerken:

Vermehrt haben sich gegen die Bilanz S. 35 die Beträge des Gebäudekontos, des Maschinenkontos, des Hausanschlußkontos, des Zählerkontos, des Geräte- und Apparatekontos und des Mobilienkontos. Der in der ersten Bilanz enthalten gewesene Passivposten Rückstellungskonto 100 000 M. ist zu einer Abschreibung auf Hausanschlußkonto verwendet worden. Es sind Beträge verwendet worden zum Ankauf neuer Materialien für den Warenhandel, das Magazin und zur Herstellung von Installationen. Die angekauften Waren sind zum Teil wieder verkauft. Soweit sie unverkauft sind, erscheinen sie auf Warenverkaufskonto (Nr. 15). Die für das Magazin angekauften Materialien sind zum Teil für Hausanschlüsse und Installationen verwendet worden. Soweit sie verwendet, aber mit den Installationsrechnungen noch nicht weiterberechnet sind, erscheinen sie auf Installationskonto (Nr. 16). Der Betrag des Kontokorrentkontos von 22 000 M. setzt sich aus noch nicht bezahlten Rechnungen, welche das Werk ausgeschrieben hat, zusammen.

Die für die vorerwähnten Zwecke aufgewendeten Beträge sind von dem in der ersten Bilanz vorhanden gewesenen Bestande des Bankkontos genommen und außerdem vom Kassenkonto, welches sich um 1500 M. verringert hat. Es sind folgende Beträge gegen das Vorjahr hinzugekommen:

Gebäudekonto	600 M.
Maschinenkonto	12 000 „
Hausanschlußkonto (die Abschreibung von 100 000 M. bleibt unberücksichtigt, da sie auch von der Passivseite verschwunden ist)	1 300 „
Zählerkonto	750 „
Gerätekonto	10 100 „
Mobilienkonto	800 „
Kontokorrentkonto	22 000 „
Warenverkaufskonto	18 000 „
Installationskonto	6 100 „
	71 650 M.

Abgang.

Magazinkonto	1000 M.	
Kassenkonto	1500 „	2 500 M.
		69 150 M.
Zieht man diesen Betrag von dem vorjährigen Bestande des Bankkontos ab mit		280 000 „
		210 850 M.
und zählt den Reingewinn hinzu mit		380 109 „
so ergibt sich der Bestand des Bankkontos mit		590 959 M.

Der unter den Passiven stehende Gewinn als Saldo der Gewinn- und Verlustrechnung berechnet sich wie folgt:

Gewinn- und Verlustrechnung.

Soll.

1. Direktionsverwaltungskonto	42 200 M.
2. Stromerzeugungskonto	101 150 „
3. Gebäudeunterhaltungskonto	7 500 „
4. Leitungsnetzunterhaltungskonto	12 300 „
5. Konto für Sonstiges	1 171 „
6. Zinsenkonto	260 000 „
7. Delkrederekonto	420 „
8. Reingewinn als Saldo	380 109 „
	804 850 M.

Haben.

1. Stromgeldkonto	728 793 M.
2. Zählermietenkonto	51 125 „
3. Verleihungskonto	1 280 „
4. Installationskonto	13 174 „
5. Warenverkaufskonto	8 978 „
6. Grundbesitzverwaltungskonto	1 500 „
	804 850 M.

Die Beträge des Solls unter 1 bis 5 sind die Kosten der laufenden Verwaltung. Der Betrag zu 6 stellt die Zinsenausgaben nach Abzug der Zinseneinnahmen dar. Der Betrag unter Nr. 7. besteht aus den Ausfällen an Stromgeld und Zählermiete. Der Betrag unter Nr. 8. Reingewinn ist der Saldo, welcher sich ergibt als Unterschied zwischen Soll und Haben, zwischen den laufenden Ausgaben und Einnahmen. Wären z. B. die Ausgaben größer gewesen als die Einnahmen, dann würde sich ein Saldo auf der Habenseite ergeben, und bedeutet auf dieser Seite der Saldo einen Verlust. Die Beträge im Haben stellen die laufenden Einnahmen an Stromgeld, Zählermiete, Miete aus Verleihung von Motoren usw. und aus den Mieten des Verwaltungsgebäudes sowie die Überschüsse des Installations- und Warenverkaufskontos dar.

Die Beträge, welche im Laufe des Jahres zur Vergrößerung der Vermögenswerte ausgegeben waren (z. B. zum Ankauf neuer Maschinen und Geräte, zur Erweiterung des Leitungsnetzes, zur Beschaffung von Waren und Magazinbeständen) gehen, wie bereits bemerkt, nicht durch die Gewinn- und Verlustrechnung, sondern durch die Bilanz und berühren hier das Kapital, indem dieses sich aus einem Barbestande in einen anderen Vermögenswert verwandelt hat.

Es ist also ein Gewinn von 380109 M. verblieben. Dies ist aber kein Gewinn, der zur Verfügung steht und in den Stadtsäckel als Überschuß abgeführt werden kann. Jeder Gegenstand nutzt sich ab und verliert mit der Zeit seinen Wert. Diesen Wertsverminderungen trägt man Rechnung durch Abschreibungen vom Werte; die Abschreibungen treffen den Gewinn. Ist kein Gewinn vorhanden, so vermehren die Abschreibungen den Verlust. In der bei der kaufmännischen Buchführung üblichen Abschreibung liegt der fundamentale Unterschied gegenüber der kameralistischen Buchhaltung und der große wirtschaftliche Vorteil der ersteren. Die meisten Städte mit gewerblichen Unternehmungen ohne kaufmännische Buchführung glauben, daß dasjenige, was sie als Mehr der Einnahmen über die Ausgaben erzielt haben, Gewinn bedeutet und im Interesse der Gemeinde verwendet werden kann. Daß aber auch die Anlagen sich durch Abnutzung im Werte vermindert haben, wird meist gar nicht beachtet. Man glaubt, daß mit der Tilgung der aufgenommenen Schulden schon alles getan sei. Stellt sich dann nach einigen Jahren heraus, daß gewisse Maschinen veraltet sind oder sich abgenutzt haben, dann wird eben aufs neue geborgt ohne Rücksicht darauf, daß die Schuldenteile, welche für die unbrauchbar und zum alten Eisen geworfenen Maschinen aufgenommen waren, noch gar nicht getilgt sind. Die sooft beklagte Schuldenwirtschaft der Gemeinden würde lange nicht so bedenklichen Umfang angenommen haben, wenn die Gemeinden sich mehr die dem Kaufmann vorgeschriebenen Bewertungen der Anlagen durch Einstellung von Abschreibungen angewöhnt hätten. Die Aktiengesellschaft, welche einen Überschuß hat, darf diesen nicht voll an ihre Aktionäre als Dividende ausschütten, sondern muß erst Abschreibungen machen. Die Gemeinden hätten viel eher Ursache, nicht so erpicht auf Reingewinne, die in den Stadtsäckel fließen, zu sein, sondern sollten ihre gewerblichen Unternehmungen durch Verwendung der Überschüsse zu Abschreibungen auf gesunde finanzielle Basis stellen; das wirtschaftliche Ergebnis in späteren Jahren (an welche doch jeder einsichtige Finanzpolitiker zuerst denken wird) wird dann ein ganz anderes und besseres sein.

Die Abschreibungen müssen in einer Höhe vorgenommen werden, die der jährlichen Wertsverminderung der einzelnen Gegenstände entspricht. Bei Grundstücken ist eine Abschreibung nicht erforderlich, da sie ihren Wert behalten, meist sogar im Werte steigen. Nimmt man bei Gebäuden eine 50 jährige Lebensdauer an, so sind jährlich 2% abzuschreiben. Bei Maschinen rechnet man je nach der Maschinenart mit einer Lebensdauer von 10 bis 15 Jahren; Abschreibung daher $7^1/_2$ bis 10%. Dem Kabelleitungsnetz eines Elektrizitätswerkes wird man eine Lebensdauer von 25 Jahren zusprechen können; es wäre daher eine Abschreibung von 4% angemessen. Man wird dabei aber berücksichtigen können, daß das Kupfer der Leitungen einen gewissen bleibenden Metallwert behält und diesen Wert insoweit bei den Abschreibungen berücksichtigen. Werkzeuge, Geräte und Mobilien pflegen keine lange Lebensdauer zu haben, und daher schreibt man sie voll oder mindestens mit 50% ab.

Man ermittelt also einen der Lebensdauer der Bestände eines Kontos entsprechenden Prozentsatz und macht mit diesem die Abschreibungen. Wenn ich nun von einem Gegenstande eine Lebensdauer von 20 Jahren annehme, so wären jährlich 5% des ursprünglichen Wertes abzuschreiben. Da die meisten Konten aber mit der Zeit Zugänge und auch Abgänge bekommen, so wird man an dem ursprünglichen Betrage nicht festhalten, und ist es auch nicht möglich, genau in den angenommenen Jahren die Konten voll abgeschrieben zu haben. Unter Berücksichtigung dieses Umstandes wird man den Prozentsatz entsprechend wählen; der vorsichtige Geschäftsmann wird lieber etwas mehr als zu wenig wählen. Zugänge bei einem Konto entstehen durch Neuanschaffungen infolge von Erweiterungen, Abgänge entstehen dadurch, daß Gegenstände abgenutzt sind und als Altmaterial verkauft werden. Sind z. B. Maschinen überflüssig geworden und verkauft, so wird der Barerlös Kassenkonto Sollseite und Maschinenkonto Habenseite verbucht. Der Bestand des Maschinenkontos hat sich vermindert, der Bestand des Kassenkontos vermehrt.

Es gibt zweierlei Methoden, wie man die Abschreibungen bewirkt: 1. kann man die entsprechenden Beträge als Fonds anlegen, indem man solche in den Büchern führt; 2. schreibt man die Beträge von den Bestandskonten ab und läßt die tatsächlich dafür verwendeten Beträge im Geschäft stecken oder legt sie zinsbar an. Bei der ersten Methode verfährt man so, daß man den Betrag der Abschreibungen im Bilanzkonto beim Posten Gewinn auf der Sollseite einstellt und ein Konto einrichtet unter der Bezeichnung „Abschreibungsfonds". Auf diesem Konto erscheint der Betrag auf der Habenseite. Diese Buchung hat beim Abschluß zur Folge, daß der Sollseitensaldo des Kontos in dem Bilanzkonto auf der Habenseite erscheint und der Bestand des Kontos „Abschreibungsfonds" daher in der Bilanz ein Passivum bildet. Und das ist auch durchaus richtig. Denn zunächst ist in unserem Beispiele der aus dem Gewinn genommene Betrag der Abschreibungen in den Vermögensbeständen, also auf der Aktivseite der Bilanz, enthalten, und zwar im Kassenbestande, im Bankguthaben oder im Bestande des Warenkontos. Die Anlagenwerte sind vermindert worden um den zu Abschreibungen verwendeten Betrag, und ist es deshalb nur folgerichtig, daß die Verminderung zur Dokumentierung auf der Passivseite erscheint. Dasselbe ist der Fall mit einem Reservefonds. Es wird z. B. beschlossen, einen Teil des Reingewinns (20 000 M.) nach Vornahme der erforderlichen Abschreibungen zu einem Reservefonds anzulegen. Es wird dann auch gebucht: Bilanzkonto: Posten Gewinn Sollseite 20 000 M.; (neuanzulegendes) Reservefondskonto Habenseite 20 000 M. Als wichtige Regel ist zu beachten: Schulden, Abschreibungs- und Reservefonds und der Gewinn erscheinen stets auf der Passivseite der Bilanz.

Bei der zweiten Methode der Abschreibungen verfährt man so, daß man im Bilanzkonto unter Posten Gewinn- und Verlustkonto auf der Sollseite den Betrag der Abschreibungen verbucht und auf den einzelnen Bestandskontenposten des Bilanzkontos die Gegenbuchungen auf der Habenseite macht.

Der Unterschied in den beiden Methoden ist der, daß bei der ersten Methode die Bestandskonten der Bilanzen durch Abschreibungen nicht gemindert werden, dafür aber auf der Passivseite die Beträge der Abschreibungen als besonderer Fonds erscheinen; bei der zweiten Methode, daß die Bestandskonten um die Abschreibungen vermindert werden, dafür aber auf der Passivseite kein Betrag für einen Fonds erscheint. Beide Methoden sind richtig. Die erste läßt noch nach Jahren beim Anblick der letzten Bilanz erkennen, welche Beträge überhaupt in den einzelnen Gegenständen angelegt waren und in welcher Gesamthöhe bisher Abschreibungen gemacht worden sind. Bei der zweiten Methode kann ich zu solchem Ergebnis nur kommen, wenn sämtliche Bilanzen aller Vorjahre zu Rate gezogen werden. Will man bei der ersten Methode wissen, wieviel von der Gesamtsumme der bisherigen Abschreibungen auf die einzelnen Konten entfällt, so müssen ebenfalls sämtliche Vor bilanzen zu rate gezogen werden. Um dies zu vermeiden legt man sich ein Merkbuch an, in welches die Bestandkonten mit ihren ursprünglichen Werten, den Zu- und Abgängen und den einzelnen Abschreibungen eingetragen werden. (Vgl. auch S. 52.)

Wie bereits erwähnt, besteht der Betrag des Gewinnes in barem Gelde (Kassenkonto), Bankguthaben (Bankkonto), Beständen in Waren (Warenkonto), verauslagten Löhnen für nicht abgerechnete Installationen (Installationskonto), dem Saldo der Habenseite des Kontokorrentkontos. Soweit der für Zwecke von Abschreibungen zu verwendende Teil des Reingewinns in bar oder in der Bank vorhanden ist, wird man ihn entweder in zinstragenden Papieren anlegen oder zu Betriebserweiterungen (falls solche vorgenommen werden sollen) verwenden. Es sind z. B. 150 000 M. für Abschreibungen aus dem Gewinn vorgesehen, welche zum Ankauf von Wertpapieren verwendet werden sollen. Die Papiere werden gekauft und verbucht: Bankkonto Habenseite 150 000 M., Wertpapierkonto Sollseite 150 000 M. Wird der Betrag der Abschreibungen nicht zur zinsbaren Anlegung, sondern zur Bestreitung der Kosten von Betriebserweiterungen, z. B. zur Vergrößerung des Leitungsnetzes, benutzt, so werden die für die Netzerweiterung aufgewendeten Beträge verbucht: Bank- (oder Kassen-) Konto Habenseite, Leitungsnetzkonto Sollseite. Der Wert des Leitungsnetzes hat sich durch die Verbuchung des Betrages auf der Sollseite also erhöht. D i e A b s c h r e i b u n g e n b i e t e n a l s o d e n g r o ß e n V o r t e i l, d a ß s i e d e m U n t e r n e h m e n M i t t e l s c h a f f e n, B e t r i e b s e r w e i t e r u n g e n v o r z u n e h m e n o h n e n e u e A n l e i h e n a u f n e h m e n z u m ü s s e n, vorausgesetzt, daß die Abschreibungsbeträge nicht schon anderweite Verwendung für den Ersatz in Abgang gekommener Einrichtungsgegenstände oder für den Ankauf von Waren usw. gefunden hatten.

Die Abschreibungen werden nicht so weit fortgesetzt, bis ein Konto gänzlich abgeschrieben ist; man läßt vielmehr noch einen Betrag von 1 oder 2 M. stehen „pro memoria“, d. h. es darf das betreffende Konto nicht ganz aus der Bilanz und den Büchern verschwinden, sondern soll durch den Betrag von 1 oder 2 M. darin festgehalten werden.

Es bleibt nun noch der Fall zu erörtern, in welcher Weise die Abschreibungen vorgenommen werden, wenn das Geschäftsjahr mit einem Verluste abgeschlossen hat. Ist ein Verlust eingetreten, so ist der Gesamtbetrag der Sollseite des Gewinn- und Verlustkontos höher. Der auf der Habenseite einzustellende Saldo erscheint in dem Bilanzkonto auf der Sollseite, in der Bilanz also auf der Aktivseite. Da die Abschreibungen einen Gewinn vermindern, so müssen sie den Verlust — einen negativen Gewinn und Wert — vermehren. Angenommen, das Geschäftsjahr hat mit einem Verluste von 5000 M. abgeschlossen, und es sind 150 000 M. Abschreibungen zu machen. Die 5000 M. stehen im Bilanzkonto Posten Gewinn- und Verlustrechnung auf der Sollseite. Legt man nun nach Methode 1 einen besonderen Abschreibungsfonds an, so verbucht man wie folgt: Bilanzkonto, Posten Gewinn- und Verlustkonto Sollseite 150 000 M. und Konto Abschreibungsfonds Habenseite 150 000 M. Verfährt man nach Methode 2, so wird der Betrag ebenfalls Bilanzkonto, Posten Gewinn- und Verlustkonto Sollseite verbucht, und finden die Gegenbuchungen Habenseiten der einzelnen Bestandskonten statt. Dadurch ist in beiden Fällen der Verlust von 5000 M. nur buchmäßig um 150 000 M. auf 155 000 M. vermehrt. Mancher wird dies auf den ersten Blick als eine Handlung ohne praktischen Wert ansehen. Dennoch hat sie sehr erheblichen praktischen Wert. Es kann sehr wahrscheinlich der Fall im nächsten Jahre eintreten, daß ein Reingewinn von 300 000 M. vorhanden ist. Hätte man nun im Vorjahre die Abschreibungen nicht vorgenommen und den Verlust nicht dadurch vermehrt, so würde man im neuen Jahre sagen, es sind 300 000 M. vorhanden, 150 000 M. werden zu Abschreibungen verwendet, der Rest von 150 000 M. geht als verfügbar in den Stadtsäckel. Dadurch aber, daß im Vorjahre der Verlust durch die nur buchmäßig verrechneten Abschreibungen um 150 000 M. vermehrt worden ist, ist im nächsten Jahre kein Überschuß von 300 000 M. sondern nur ein solcher von 150 000 M. vorhanden, denn der Verlust des Vorjahres von 150 000 M. ist in die Bücher des neuen Jahres übernommen worden und hat den Überschuß dieses Jahres vermindert. Es ist also durch die Hilfe der kaufmännischen doppelten Buchhaltung nur nach durchaus richtigen, gesunden Geschäftsgrundsätzen verfahren. Eine kameralistische Buchführung würde ein solches Ergebnis nur erzielen, wenn sie gewandte und dem Laien schwer verständliche Buchungskunststücke vollführte.

In der S. 39 angegebenen Bilanz ist unter den Aktiven Nr. 6 Hausanschlußkonto bereits eine Abschreibung von 100 000 M. vorgenommen und nach Methode 2 verfahren worden. Es sollen auch die übrigen für erforderlich gehaltenen Abschreibungen nach derselben Methode vorgenommen werden, und sieht die Bilanz infolgedessen so aus:

Aktiva.

1.	Grundstückskonto		55 300 M.
2.	Gebäudekonto	165 900 M.	
	Ab Abschreibung 2%	3 320 „	162 580 „
3.	Maschinenkonto	1 964 900 M.	
	Ab Abschreibung 10%	196 400 „	1 768 500 „
4.	Leitungsnetzkonto	3 793 600 M.	
	Ab Abschreibung 4%	151 000 „	3 642 600 „
5.	Transformatorenkonto	5 300 M.	
	Ab Abschreibung 10%	500 „	4 800 „
6.	Hausanschlußkonto	218 100 M.	
	Ab Abschreibung Rückstellungsfonds	100 000 „	118 100 „
7.	Zählerkonto	54 950 M.	
	Ab Abschreibung 10%	5 500 „	49 450 „
8.	Magazinkonto		7 000 „
9.	Geräte- und Apparatekonto	64 300 M.	
	Ab Abschreibung 25%	16 000 „	48 300 „
10.	Mobilienkonto	7 200 „	
	Ab Abschreibung	7 199 „	1 „
11.	Bankkonto		590 959 „
12.	Kassenkonto		6 500 „
13.	Kontokorrentkonto Debitoren		22 000 „
14.	Wertpapierkonto		30 000 „
15.	Warenverkaufskonto		18 000 „
16.	Installationskonto		6 100 „
		zusammen	6 530 190 M.

Passiva.

1.	Anleihekonto		6 500 000 M.
2.	Kautionskonto		30 000 „
3.	Gewinn- und Verlustkonto Gewinn	380 109 M.	
	Ab Abschreibungen	379 919 „	190 „
		zusammen	6 530 190 M.

Die unter den Aktiven beim Hausanschlußkonto angegebene Abschreibung von 100 000 M. ist unter den Passiven beim Gewinn- und Verlustkonto in den Abschreibungen nicht mit enthalten, da sie nicht aus dem Gewinnüberschuß, sondern aus dem Rückstellungsfonds genommen worden ist. Aus der vorstehenden Bilanz ergibt sich, daß tatsächlich nur ein Überschuß von 190 M. verblieben ist, der in die Stadtkasse abgeführt werden könnte.

Die Abschreibungen werden in der Weise vorgenommen, daß z. B. diejenige auf Gebäudekonto von 3320 M. verbucht wird im Bilanzkonto Gebäudekonto Haben und Gewinn- und Verlustkonto Soll. In derselben Weise erfolgt die Verbuchung der anderen Abschreibungen. Aus den Abschreibungen ist also einschl. der 100 000 M. aus Rückstellung ein Betrag von 479 919 M. verfügbar. In den nächsten Jahren sind nennenswerte Vergrößerungen der Anlagen nicht zu erwarten und man legt daher den Betrag in Papieren an. Es werden für 439 000 M. Wertpapiere gekauft. Die Buchung geschieht: Bankkonto Habenseite und Wertpapiere Sollseite. Sollte in späteren Jahren einmal eine umfangreichere Vergrößerung der Anlagen stattfinden, so stehen die Beträge dazu aus den in Wertpapieren angelegten Abschreibungen zur Verfügung. Angenommen, es sollen Vergrößerungen im Werte von 400 000 M. stattfinden und es werden Papiere in dieser Höhe verkauft. Verbuchung: Wertpapierkonto Habenseite, Bankkonto Sollseite. Die Zahlungen für die Vergrößerungen erfolgen dann zu Lasten des Bankkontos.

Angenommen, in unserem vorstehenden Bilanzmuster hätten die Abschreibungen nicht 379 919 M., sondern 391 119 M. betragen. Da nur 380 109 M. Überschuß vorhanden war, hätte dieser zur Deckung der Abschreibungen nicht gereicht. Es hätte dann der Posten Gewinn- und Verlustkonto nicht auf die Passiv-, sondern auf die Aktivseite zu kommen, etwa mit folgender Angabe:

17. Gewinn- und Verlustkonto Gewinn. .	380 109 M.	
Ab Abschreibungen.	391 119 „	
Der Mehrbetrag der Abschreibungen	als Verlust	11 010 M.

Da die Abschreibungen von 391 119 M. auf die Sollseite des Gewinn- und Verlustkontos übertragen worden sind und die Habenseite nur 380 109 M. aufweist, ergibt sich auf der Habenseite ein Saldo von 11 010 M., welcher nach der Sollseite des Bilanzkontos zu übertragen ist und auf dieser Seite sich als Verlust dokumentiert (vgl. S. 41).

Von dem nach Vornahme der Abschreibungen noch verbleibenden Reingewinn pflegt man in der Regel einen Betrag in das nächste Jahr zu übernehmen als „Vortrag auf neue Rechnung". In unserem vorstehenden Beispiele war nur ein verfügbarer Gewinn von 190 M. verblieben, den man auf neue Rechnung vortragen wird.

Wir kommen nun zu der Methode der Abschreibungen, bei welcher diese nicht von den Werten der Aktivposten abgesetzt, sondern mit dem Betrage ein Reservefonds gebildet wird. Die Aktivseite der Bilanz sieht so aus wie S. 39 angegeben mit 6 910 109 M. abschließend. Die Passivseite würde lauten:

Passiva.

1. Anleihekonto			6 500 000 M.
2. Kautionskonto			30 000 „
3. Reservefondskonto			379 919 „
4. Gewinn- und Verlustkonto Gewinn . .		380 109 M.	
Davon ab Abschreibungen, und zwar:			
Gebäudekonto . . .	3 320 M.		
Maschinenkonto . . .	196 400 „		
Leitungsnetzkonto . .	151 000 „		
Transformatorenkonto	500 „		
Zählerkonto	5 500 „		
Geräte und Apparatekonto	16 000 „		
Mobilienkonto	7 199 „	379 919 „	190 „
		zusammen	6 910 109 M.

Die Verbuchung geht so vor sich, daß der Betrag von 379 919 M. Gewinn- und Verlustkonto Sollseite und auf einem neuen Konto „Reservefondskonto" Habenseite erscheint. Da das Reservefondskonto auf der Sollseite keine Buchung hat, erscheint der ganze Betrag von 379 919 M. als Saldo auf der Sollseite und wird als solcher nach dem Bilanzkonto Habenseite übertragen. Dies entspricht auch der Vorschrift des Handelsgesetzbuches, wonach Reservefonds in den Bilanzen unter den Passiven aufzuführen sind.

Bei dieser Methode der Vornahme der Abschreibungen erscheinen in den Bilanzen auf der Aktivseite die Vermögenswerte stets mit den ursprünglichen Beträgen unter Hinzurechnung etwaiger Neuanschaffungen. Will man den tatsächlichen buchmäßigen Wert unter Berücksichtigung der Abschreibungen eines Anlagenteiles feststellen, so wird man die einzelnen früheren Bilanzen zur Hand nehmen müssen, wenn man nicht von Anfang an in einem besonderen Buche die Vermögenswerte unter Berücksichtigung der Zugänge und Abgänge, sowie der Abschreibungen fortgeschrieben hat (vgl. S. 52).

Der Betrag des Reservefonds erscheint stets unter den Passiven. Es ist ganz ohne Einfluß, wie er angelegt ist, ob er als Wertpapiere, Bankguthaben oder in Neuanschaffungen angelegt ist. Der Wert des Fonds ist in einer dieser Formen auf der Aktivseite vorhanden. Würde der Reservefonds als solcher auf der Passivseite nicht stehen, so würde sich unberechtigt ein größerer Betrag der Aktiven und damit fälschlich ein Gewinn ergeben. Dadurch, daß der Reservefonds auf der Passivseite steht, ist gewissermaßen sein Betrag aus den Aktiven reserviert worden und der Verwendung als Gewinn entzogen.

Sind die Beträge der Abschreibungen oder der Reservefonds zinsbar angelegt, so pflegt man die einkommenden Zinsen, nicht den Fonds zu-

zuführen, sondern sie werden auf Zinsenkonto als Einnahme verrechnet (Gewinn- und Verlustkonto Habenseite).

In den vorstehenden Beispielen ist davon ausgegangen, daß eine Tilgung der Anleihe nicht stattgefunden hatte. Da alle Gemeindeanleihen getilgt werden müssen, so wird auch im vorliegenden Beispiele mit einer Tilgung von 1% unter Zuwachs der ersparten Zinsen zu rechnen sein. Im ersten Jahre sind 1% von 6500000 M. = 65000 M. gezahlt worden. Die Verbuchung ist erfolgt: Bankkonto Haben und Anleihekonto Soll. Diese Verbuchung setzt voraus, daß zur Bestreitung der Tilgung Kapital vorhanden ist. Vorhanden kann solches Kapital nur sein, wenn früher Abschreibungen gemacht waren und für die Abschreibungen ein Überschuß der laufenden Einnahmen über die Ausgaben zur Verfügung stand. Bei der vorstehenden Verbuchung ergibt sich also als Resultat, daß die Tilgung aus den Einnahmen früherer Jahre (die als Abschreibungen ausgewiesen waren) bestritten wird.

Für kommunale Werke besteht (für Preußen vgl. § 4 des Komm.-Abg.-Ges.) der Grundsatz, daß die Einnahmen zur Deckung der Unkosten und zur Verzinsung und Tilgung des hineingesteckten Kapitales ausreichen müssen. Die Tilgung soll aus den laufenden Einnahmen des Werkes bestritten werden, d. h. also, sie wäre auf Gewinn- und Verlustkonto zu verbuchen. Man verbucht also den Tilgungsbetrag von 65000 M. Bankkonto Habenseite und Gewinn- und Verlustkonto Tilgungskonto Sollseite. Damit ist aber das Anleihekonto auf alter Höhe geblieben, trotzdem sich die Schuld um 65 000 M. ermäßigt hat. Um diese Ermäßigung buchtechnisch zum Ausdruck zu bringen, verbucht man 65 000 M. Anleihekonto Sollseite und legt ein neues Konto „Tilgungsbewertungskonto“ an, wo der Betrag auf der Habenseite verbucht wird. Beim Abschluß wird vom Anleihekonto ein Saldo der Sollseite von (6 500 000 — 65 000 M. =) 6 435 000 M. auf Bilanzkonto Habenseite und vom Tilgungsbewertungskonto ein Saldo ebenfalls der Sollseite von 65 000 M. ebenfalls auf Bilanzkonto Habenseite übertragen. In der Bilanz erscheinen unter den Passiven: Anleihe 6 435 000 M., Tilgungsbewertungskonto 65 000 M. Das Tilgungsbewertungskonto stellt, da es auf der Passivseite steht, einen Reservefonds dar, d. h. es vermindert den Wert der Aktivseite und bringt zum Ausdruck, daß von den Aktiven 65 000 M. zurückgestellt sind. Da wir die Abschreibungen um den Betrag des Tilgungssatzes ermäßigt haben (denn die Tilgung bildet bereits eine Abschreibung), erscheint eine solche Herabsetzung der Aktiven auch begreiflich. Die einzelnen Bestandskonten haben nämlich einen um 65 000 M. niedrigeren Wert.

Auf dem Gewinn- und Verlustkonto vermindert sich durch die dort erfolgte Verbuchung des Tilgungsbetrages der Saldo auf der Sollseite — der Gewinn — um 65 000 M. Es ist also in unserem Beispiele kein Gewinn von 380 109 M., sondern ein um 65 000 M. niedrigerer, also von 315 109 M. verblieben. Die Tilgung von Anleihen bildet bereits eine Abschreibung und kann man daher die in unserem Beispiele vorgesehenen Abschreibungsbeträge um 65000 M. verkleinern. Es werden daher nicht 379 919 M. Abschreibungen, sondern 314 919 M. gemacht. Der dann noch verbleibende Reingewinn beträgt wiederum (315 109 — 314 919 M. =) 190 M. Die 65 000 M. sind bar aus dem Bankguthaben bezahlt worden. Dieses beträgt also in unserem Beispiele nicht mehr 590 959 M., sondern 525 959 M. Die Anleihe hat sich um 65 000 M. ermäßigt. Die Berechtigung der Verbuchung der Tilgungsbeträge über Gewinn- und Verlustkonto ergibt sich für kommunale Werke aus folgender Erwägung. Hätte man die Verbuchung über Kassen-(Kapital-)Konto vorgenommen, dann wäre auf Gewinn- und Verlustkonto der Überschuß höher. Interessentengruppen in dem Stadtparlament könnten unter Hinweis auf den hohen Überschuß eine Ermäßigung der Gebühren durchsetzen. Sind dann Gelder aus den Abschreibungen nicht verfügbar, weil die Abschreibungen zur Beschaffung von Ersatz oder zum Ankauf von Waren (vgl. S. 44) verwendet wurden, dann kann leicht aus einem früher dagewesenen regelmäßigen Überschuß in Zukunft ein Verlust entstehen.

Die Bilanz S. 46 würde bei Verbuchung der Tilgung über Gewinn- und Verlustkonto wie folgt aussehen:

Aktiva.

1.	Grundstückskonto		55 300 M.
2.	Gebäudekonto	165 900 M.	
	Ab Abschreibung.	3 100 „	162 800 „
3.	Maschinenkonto	1 964 900 M.	
	Ab Abschreibung.	164 500 „	1 800 400 „
4.	Leitungsnetzkonto	3 793 600 M.	
	Ab Abschreibungen.	120 000 „	3 673 600 „
5.	Transformatorenkonto	5 300 M.	
	Ab Abschreibungen.	320 „	4 980 „
6.	Hausanschlußkonto	218 100 M.	
	Ab Abschreibungen.	100 000 „	118 100 „
7.	Zählerkonto	54 950 M.	
	Ab Abschreibungen.	5 000 „	49 950 „
8.	Magazinkonto		7 000 „
9.	Geräte- und Apparatekonto	64 300 M.	
	Ab Abschreibungen.	14 800 „	49 500 „
10.	Mobilienkonto	7 700 M.	
	Ab Abschreibungen.	7 199 „	1 „
		Ubertrag	5 921 631 M.

	Übertrag	5 921 631 M.
11. Bankkonto		525 959 „
12. Kassenkonto		6 500 „
13. Kontokorrentkonto Debitoren		22 000 „
14. Wertpapierkonto		30 000 „
15. Warenverkaufskonto		18 000 „
16. Installationskonto		6 100 „
	zusammen	6 530 190 M.

Passiva.

1. Anleihekonto		6 435 000 M.
2. Anleihetilgungsbewertungskonto		65 000 „
3. Kautionskonto		30 000 „
4. Gewinn- und Verlustkonto Gewinn	315 109 M.	
Ab Abschreibungen	314 919 „	190 „
	zusammen	6 530 190 M.

Die hierzu gehörige Gewinn- und Verlustrechnung (vgl. S. 40) würde aussehen:

Soll:

1. Direktionsverwaltungskonto	42 200 M.
2. Stromerzeugungskonto	101 150 „
3. Gebäudeunterhaltungskonto	7 500 „
4. Leitungsnetzunterhaltungskonto	12 300 „
5. Zinsenkonto	260 000 „
6. Tilgungskonto	65 000 „
7. Konto für Sonstiges	1 171 „
8. Delkrederekonto	420 „
9. Reingewinn als Saldo	315 109 „
	804 850 M.

Haben.

1. Stromgeldkonto	728 793 M.
2. Zählermietenkonto	51 125 „
3. Verleihungskonto	1 280 „
4. Installationskonto	13 174 „
5. Warenverkaufskonto	8 978 „
6. Grundbesitzkonto	1 500 „
zusammen	804 850 M.

Da das Tilgungsbewertungskonto gewissermaßen den Betrag darstellt, um welchen die Abschreibungen der Aktivbestände geringer vorgenommen worden sind (weil die Tilgung der Anleihe an sich schon eine Abschreibung bedeutet), so kann man das Tilgungsbewertungskonto auch zu Abschreibungen verwenden. Es wird dann der Betrag auf der Sollseite des Tilgungsbewertungskontos und auf der Habenseite der durch die Abschreibungen zu vermindernden Konten verbucht. Dann ist bilanzmäßig derselbe Zustand erreicht, wie wenn die Tilgungsbeträge Kassen- (oder Bank-) Konto Haben und Anleihekonto Soll verbucht wären ohne Inanspruchnahme der Gewinn- und Verlustrechnung. Doch dürfte eine in der obigen Weise geschilderte Verbuchung über Gewinn- und Verlustkonto für später übersichtlicher sein.

Zu erörtern bleibt noch die Art der Tilgung, daß die jährlichen Tilgungsbeträge zu einem Fonds angesammelt und nach einer Reihe von Jahren ein größerer Betrag zur Rückzahlung gelangt. Dort, wo eine Anleihe in Inhaberpapieren aufgenommen ist, ist häufig eine Kündigung auf eine Reihe von Jahren ausgeschlossen, und verlangt die Aufsichtsbehörde die Ansammlung der jährlichen Tilgungsraten in zinsbarer Anlegung. Angenommen, es sollen alljährlich 25 000 M. zinsbar zurückgelegt werden. Stehen die ausgegebenen Papiere unter Parikurs, so wird die Stadt nichts Besseres tun können, als für die 25 000 M. unter der Hand Papiere anzukaufen, denn die Stadt hätte später bei der Tilgung die Papiere zu Pari einzulösen. Die Verbuchung erfolgt dann: Gewinn- und Verlustrechnung, Tilgungskonto Soll 25 000 M., Tilgungsreservefondskonto Habenseite 25 000 M., Kassen- bzw. Bankkonto Haben 25 000 M., Wertpapierkonto Soll 25 000 M. In der Bilanz befinden sich dann unter den Aktiven 25 000 M. Wertpapiere, welche durch den auf der Passivseite befindlichen Posten „Tilgungsreservefondskonto“ 25 000 M. reserviert, d. h. zurückgestellt sind.

Für Zwecke der Abschreibungen und zur Kontrolle der Anlagenwerte werden Inventarienbücher geführt. Diese Bücher weisen den ursprünglichen Wert jedes Vermögensstückes nach und dessen jährliche Wertsverminderung durch Abschreibung. In Übereinstimmung mit den Anlagekonten werden Inventarienbücher angelegt, also für: Grundstücke, Gebäude, Maschinen, Apparate und Geräte, Mobilien, Zähler, Transformatoren, Leitungsnetz usw. Die Führung der Inventarienbücher ergibt sich aus dem Formular S. 54. Die Endbeträge jedes Blattes müssen mit dem Gesamtbetrage des betreffenden Kontos übereinstimmen. Wird eine Rechnung für einen Gegenstand, der einen Vermögensbestand bildet und auf Anlagenkonto verbucht wird, angewiesen, so ist eine entsprechende Eintragung in das Inventarienbuch zu machen. Die Werte für die während der Bauzeit beschafften Gegenstände werden um die entsprechenden Teilbeträge der auf die Anlagenkonten verteilten Beträge der allgemeinen Unkosten erhöht (vgl. S. 9). In jedem Jahre werden die erforderlichen Abschreibungen ausgeworfen und der Gesamtbetrag der Abschreibungen eines Blattes auf dem betreffenden Anlagenkonto in der S. 47 beschriebenen Weise ausgebucht. Ist ein Gegenstand, der noch mit einem Wertbetrage verzeichnet war, infolge Verschleißes oder Verkaufes als Altmaterial in Abgang gekommen, so verfährt man so, daß man zunächst den Verkaufserlös, welcher Kassenkonto Sollseite und Bestandskonto Habenseite verbucht war, als Abschreibung im Inventarienbuch einträgt und den etwa noch verbleibenden Rest als weitere Abschreibung auswirft. Beispiel: Eine Maschine war für 5000 M. gekauft. Es waren 5 Jahre lang je 10% = 2500 M. abgeschrieben, so daß sie noch mit 2500 M. bewertet ist. Im 6. Jahre wird die Maschine für ihren Zweck zu schwach, und es wird eine größere gekauft, die alte Maschine aber für 1500 M. verkauft. Der Kauferlös von 1500 M. wird zunächst abgeschrieben, so daß noch 1000 M. Wert verbleiben, für den kein Vermögensobjekt vorhanden ist. Aus diesem Grunde müssen die 1000 M. ebenfalls abgeschrieben werden. Sie erscheinen beim Abschluß des 6. Jahres mit unter den übrigen Abschreibungen und werden wie diese in der S. 47 angegebenen Weise verbucht. Es ist gar nicht selten im gewerblichen Leben, daß eine fast noch neue Maschine infolge Aufnahme einer vorteilhafteren Fabrikationsmethode für Betriebszwecke nicht mehr in Frage kommt und als Alteisen verkauft werden muß. Daher erscheinen sehr hohe Abschreibungen auf Maschinen, wie man häufig in den Bilanzen industrieller Werke liest, als durchaus angebracht. In solchem Falle kommt das Unternehmen bei plötzlicher Abschaffung einer noch guten Maschine kaum in die Verlegenheit, eine Extraabschreibung vornehmen zu müssen. Es sei noch ein weiteres Beispiel aus der Praxis eines größeren Überlandelektrizitätswerkes erwähnt. Das Werk hatte einen besonderen Überspannungsschutz für seine Hochspannungsanlagen gewählt, der sich in der Praxis nicht bewährte, so daß er abgeschafft wurde. Die Gegenstände repräsentierten einen Anschaffungswert von etwa 100 000 M. Da ein Verkauf als Altmaterial wegen der besonderen Beschaffenheit nicht angängig war und ein Erlös somit sich nicht ergab, mußte der ganze Betrag von 100 000 M. zur Abschreibung gelangen.

Aus den Büchern des abgelaufenen Jahres erfolgt die Übertragung in die Bücher des neuen Jahres. Es werden die auf dem Bilanzkonto befindlichen Salden auf die einzelnen Konten übertragen, dadurch, daß ein gleichhoher Betrag auf der entsprechenden Gegenseite des Bilanzkontos eingestellt und nach dem Einzelkonto übertragen wird. Im Bilanzkonto standen auf der Sollseite 53 000 M. Grundstückskonto. Auf der Habenseite des Bilanzkontos werden die 53 000 M. eingestellt und Gegenbuchung auf der Sollseite des Grundstückskontos für das neue Jahr vorgenommen. In derselben Weise wird mit den übrigen Konten verfahren. Der Betrag von 190 M., welcher im Bilanzkonto als Saldogewinn der Gewinn- und Verlustrechnung auf der Passivseite aufgeführt war, gelangt auf dieselbe Weise als „Vortrag auf neue Rechnung“ auf die Habenseite der Gewinn- und Verlustrechnung des neuen Jahres. Mit der Vornahme dieser Verbuchungen ist das Bilanzkonto des abgelaufenen Jahres wieder vollständig ausgebucht, also ohne Bestand.

Inventarienbuch für Fahrzeuge. Konto: Fahrzeuge.

Nr.	Standort	Bezeichnung des Gegenstandes	Erwerbsjahr	Kaufpreis ℳ ₰	Hierzu Nebenkosten ℳ ₰	Gesamtwert ℳ ₰	Abschreibungen 1915 %	1915 mit ℳ ₰	1915 Restwert ℳ ₰	1916 %	1916 mit ℳ ₰	1916 Restwert ℳ ₰	1917 %	1917 mit ℳ ₰	1917 Restwert ℳ ₰
1.	Neustadt (Direktion)	10/20-PS-Auto Nr. I H 1511 mit Zubehör usw.	1914	8500 —	10 —	8510 —	20	1702 —	6708 —	20	1732 —	5126 —	20	1732 —	3394 —
		Zugang: 1 Stepneyrad	1915	150 —					150 —						
2.	Hohenstein (Zentrale)	5/12-PS-Auto Nr. I H 1913 mit Zubehör usw.	1914	5100 —	10 —	5110 —	20	1022 —	3088 —	20	1022 —	2066 —	Verkauf Rest	1800 — 266 —	
		Abgang: Verkauf 1800 ℳ	1917												
		Dafür neuer Wagen siehe Nr. 5.													
3.	Neustadt (Direktion)	18/30-PS-Lastauto . . Nr. I H 2930 nebst Zubehör usw.	1916	10000 —	80 —	10080 —						10000 —	20	2016 —	8064 —
4.	Neustadt (Direktion)	1 Fahrrad	1914	120 —		120 —	20	24 —	96 —	Verkauf Rest	5 — 91 —				
		Abgang: Durch Unfall zerstört. Altwert 5 ℳ erlöst (siehe Nr. 6)	1916												
5.	Hohenstein (Zentrale) (Ers. f. Nr. 2)	10/20-PS-Auto Nr. I H 2850 nebst Zubehör usw.	1917	8000 —	50 —	8050 —									8000 —
6.	Neustadt (Direkt.) (Ers. f. Nr. 4)	1 Fahrrad	1916	120 —		120 —						120 —	20	24 —	96 —
								2748 —	10042 —		2850 —	17312 —		5838 —	19554 —

VII. Das Werkstattkonto.

Im Anschluß an den vorhergehenden Abschnitt sei noch eines besonderen Kontos gedacht, wie es in größeren Unternehmungen geführt werden muß, nämlich über die Werkstatt. Wird eine Werkstatt betrieben, so ist dafür die Buchführung einzurichten. Zunächst ist ein Bestandskonto anzulegen: Werkstattkonto über die Einrichtungen der Werkstatt. Dann ist ein Betriebskonto anzulegen über die Einnahmen und Ausgaben der Werkstatt. Dies Konto erscheint als Konto der Gewinn- und Verlustrechnung. Auf der Sollseite des Betriebskontos erscheinen die Löhne für die Arbeiter nebst Versicherungsbeiträgen, das bezogene Material und die zur Führung des Betriebes nötigen Stoffe (Kohle usw.). Auf der Habenseite erscheinen die Ausgänge.

Die Werkstatt wird eingerichtet, um Reparaturen u. dgl. soweit es möglich ist, selbst auszuführen. Außerdem kann die Werkstatt sonstige einschlägige Arbeiten verrichten. Die Buchhaltung für die Werkstatt wird so eingerichtet, als ob sie ein selbständiges Unternehmen ist und sich selbst zu unterhalten hat. Der Werkstatt wird aus diesem Grunde für die benutzten Räume eine Miete angerechnet, sie hat ihren Licht- und Kraftstrom selbst zu bezahlen, d. h. der Strombedarf wird ihr berechnet. Die Werkstatt hat zu ihren Selbstkosten Zuschläge für Mieten, Kraftbedarf, Kohlen, Kleinmaterial, Abfall u. dgl. zu rechnen. Die sich dann erst ergebenden Kosten sind den anderen Abteilungen zu belasten. Die Zuschläge sind nach Ablauf jedes Jahres prozentual zu ermitteln. Ungefähr wird man mit einem 100proz. Zuschlage rechnen können.

Nehmen wir den Fall, daß die Wicklung eines Motores beschädigt ist und in der Werkstatt neu hergestellt werden soll. Die Werkstatt erhält den Auftrag zu dieser Arbeit. Sie gebraucht dazu Kupferdraht, den sie aus dem Magazin entnimmt. Der Lagerverwalter macht über den Ausgang der Drahtmenge Anzeige und die Buchhaltung verbucht den Wert: Magazinkonto Habenseite, Werkstattbetriebskonto Sollseite. Die Werkstatt führt über den Auftrag einen Bogen und trägt in diesen die Menge des verwendeten Kupfers ein. Ferner trägt die Werkstatt ein die von den verschiedenen Arbeitern verwendete Arbeitszeit. Ist die Arbeit ausgeführt, so gibt die Werkstatt den ausgefüllten Bogen in die Buchhaltung. Hier wird ermittelt, was das verwendete Kupfer gekostet hat und welchen Betrag die Arbeitsstunden ausmachen. Zu diesen Beträgen wird ein Zuschlag von 100% genommen und der sich dann ergebende Gesamtbetrag dem betreffenden Konto (im vorliegenden Falle z. B. dem Motorenkonto) auf der Sollseite zugeschrieben. Auf dem Werkstattkonto erfolgt die Verbuchung Habenseite. Das verbliebene Rest- und das Altmaterial trägt die Werkstatt in ein besonderes Buch ein. Wird nicht für den Betrieb, sondern für dritte Seite eine Arbeit ausgeführt, dann schlägt man zu den in vorstehender Weise ermittelten Kosten weitere 100% als Verdienst.

Am Jahresschluß muß die Werkstatt Inventur machen. Zu diesem Zwecke werden die Materialien aufgenommen, die als Eigentum der Werkstatt sich in Arbeit befinden. Diese Materialien sind mit dem Erstehungswerte und dem Werte der darauf bereits verwendeten Arbeit anzusetzen. Ferner sind in die Inventur einzutragen die Werte der vorhandenen unverarbeiteten Materialien und der Abfall (Altmaterial). Die Einrichtungsgegenstände der Werkstatt (Maschinen usw.) gehören nicht in die Inventur, da die Inventur sich lediglich auf die Ermittlung des Verdienstes bezieht. Angenommen, das Werkstattbetriebskonto weist auf der Sollseite (für gezahlte Löhne, eingekommenes Material, angerechnete anteilige Beträge für Miete, Kraftverbrauch usw.) einen Betrag von 25 000 M. auf, die Habenseite (für wieder hinausgegangene Arbeit) einen Betrag von 26 000 M. Bei der Inventur ergibt sich, daß an in der Bearbeitung befindlichen Materialien zum Werte (einschl. der bereits darauf verwendeten Arbeit) von 1000 M. vorhanden sind und weiter für 500 M. Abfälle und Altmaterial sich in der Werkstatt befinden. Diese beiden Beträge von zusammen 1500 M. werden verbucht: Werkstattbetriebskonto Habenseite 1500 M., Bilanzkonto (unter Werkstattbetriebskonto) Sollseite 1500 M. Auf der Sollseite des Werkstattbetriebskontos ergibt sich ein Saldo von 2500 M., welcher den Verdienst der Werkstatt darstellt und nach Gewinn- und Verlustkonto Habenseite übertragen wird. Das Werkstattbetriebskonto sieht dann aus:

Sollseite		Habenseite
25 000 M.	zusammengezogen aus dem Jahre	26 000 M.
	Per Bilanzkonto	1 500 „
2 500 „	An Gewinn- und Verlustkonto	
27 500 M.		27 500 M.

Wird später einmal das Altmaterial verkauft, so erfolgt die Verbuchung: Kassenkonto Sollseite, Werkstattkonto (Betrieb) Habenseite.

VIII. Das Legen der Jahresrechnung an der Hand des Haushaltplanes.

In den vorstehenden Abschnitten ist die doppelte kaufmännische Buchhaltung in ihrem Wesen dargestellt worden. Nur für die ins einzelne gehende Einrichtung der Formulare für die Bücher ist von dem in der Praxis üblichen Gebrauche abgewichen worden, dies aber nur zu dem Zweck, um zu zeigen, daß es mit der kaufmännischen doppelten

Nr.	Gegenstand	Betrag ℳ	₰	Etatsbetrag ℳ	₰	Gegen den Etat mehr ℳ	₰	Gegen den Etat weniger ℳ	₰	Belege siehe Konto
	A. Einnahmen.									
1.	Aus Stromgeldern 728 793 ℳ Ab Ausfälle . . 420 „	728 373	—	443 000	—	285 373	—			Stromkonto Delkredere
2.	Aus Zählermieten	51 125	—	50 000	—	1 125	—			Zählermiete
3.	Aus Verleihungen	1 280	—	1 000	—	280	—			Verleihung
4.	Aus Installationen Reingewinn (siehe auch Kapitalrechnung)	13 174	—	10 000	—	3 174	—			Installation
5.	Zinseneinnahmen	1 000	—	500	—	500	—			Zinsen
6.	Aus Warenverkauf (siehe auch Kapitalrechnung)	8 978	—	1 000	—	7 978	—			Waren
7.	Aus dem Grundbesitz . . .	1 500	—	1 500	—					Grundbesitz
8.	Sonstige Einnahmen	—	—	1 000	—			1 000	—	
	Einnahmen zusammen	805 430	—	508 000	—	298 430	—	1 000	—	
						297 430	—			
	B. Ausgaben.									
	I. Direktionsverwaltung.									
1.	Gehälter	35 000	—	33 900	—	1 100	—			Direktionsverwaltung
2.	Reisekosten, Spesen u. dgl. .	850	—	1 200	—			350	—	
3.	Für Papier u. ähnliche Bureaubedürfnisse	1 600	—	1 800	—			200	—	
4.	Für den Fernsprecher . . .	480	—	400	—	80	—			
5.	Porto	650	—	600	—	50	—			
6.	Versicherungsbeiträge . . .	500	—	600	—			100	—	
7.	Sonstiges	3 120	—	2 000	—	1 120	—			
	I. zusammen	42 200	—	40 500	—	2 350	—	650	—	
						1 700	—			
	II. Stromerzeugung.									
1.	Gehälter	7 500	—	7 200	—	300	—			Stromerzeugung
2.	Löhne	4 800	—	5 000	—			200	—	
3.	Für Kohlen usw.	85 000	—	80 000	—	5 000	—			
4.	Für Reparaturen usw. . . .	1 900	—	3 000	—			1 100	—	
5.	Versicherungsbeiträge . . .	900	—	1 000	—			100	—	
6.	Sonstige Ausgaben	1 050	—	4 800	—			3 750	—	
	II. zusammen	101 150	—	101 000	—	5 300	—	5 150	—	
						150	—			

Nr.	Gegenstand	Betrag M.	Pf.	Etatsbetrag M.	Pf.	Gegen den Etat mehr M.	Pf.	Gegen den Etat weniger M.	Pf.	Belege siehe Konto
	III. Unterhaltung der Gebäude.									
1.	Löhne	1 000	—	1 000	—					Gebäude-unterhaltung
2.	Steuern und Abgaben 500 M									
3.	Feuerversicherung . . 300 „	800	—	1 000	—			200	—	
4.	Bauliche Unterhaltung . . .	4 000	—	5 000	—			1 000	—	
5.	Sonstiges	1 700	—	1 000	—	700	—			
	III. zusammen	7 500	—	8 000	—	700	—	1 200	—	
								500	—	
	IV. Unterhaltung des Leitungsnetzes.									
1.	Löhne	3 000	—	2 500	—	500	—			Leitungs-netz-unterhaltung
2.	Versicherungsbeiträge . . .	300	—	250	—	50	—			
3.	Unterhaltungskosten	8 000	—	7 250	—	750	—			
4.	Haftpflichtversicherung . . .	1 000	—	1 000	—					
	IV. zusammen	12 300	—	11 000	—	1 300	—			
	V. Verzinsung und Tilgung der Anleihe.									
1.	Zinsen	261 000	—	260 000	—	1 000	—			Zinsen
2.	Tilgung			65 000	—			65 000	—	
	V. zusammen	261 000	—	325 000	—	1 000	—	65 000	—	
								64 000	—	
	VI. Sonstige Ausgaben.	1 171	—			1 171	—			Sonstiges
	Hierzu V.	261 000	—	325 000	—			64 000	—	
	„ IV.	12 300	—	11 000	—	1 300	—			
	„ III.	7 500	—	8 000	—			500	—	
	„ II.	101 150	—	101 000	—	150	—			
	„ I.	42 200	—	40 500	—	1 700	—			
	Ausgaben zusammen	425 321	—	485 500	—	4 321	—	64 500	—	
								60 179	—	
	Die Einnahmen betragen . .	805 430	—	508 000	—	297 430	—			
	Die Ausgaben betragen . .	425 321	—	485 500	—			60 179	—	
	Überschuß	380 109	—	22 500	—	297 430	—	60 179	—	
						237 251	—			

Buchhaltung wohl möglich ist, einen Haushaltplan zu verbinden und auf kameralistische Art und Weise nach Anhalt des Haushaltplanes eine Jahresrechnung zu legen. Das Legen einer solchen Jahresrechnung in Form einer übersichtlichen Darstellung dürfte sich für die kommunalen gewerblichen Unternehmungen doch als eine Notwendigkeit erweisen, weil andernfalls die Mitglieder der kommunalen Körperschaften gar nicht übersehen können, ob die Verwaltung nach den im Haushaltplane festgesetzten Zahlen gewirtschaftet hat.

Soweit es sich um die Ausgaben und Einnahmen der laufenden Verwaltung handelt, ist eine derartige Rechnungslegung nicht schwer, da sie insoweit im Endergebnis mit den Zahlen der Gewinn- und Verlustrechnung übereinstimmen würde. Schwierigkeiten ergeben sich bei der Festlegung der Ausgaben für Vermehrung der Bestandskonten und der Einnahmen und Ausgaben beim Magazin, Waren- und Installationskonto. Eine an der Hand des Haushaltplanes nach kameralistischen Grundsätzen gelegte Rechnung kann nur eine reine Geldrechnung der Einnahmen und Ausgaben sein. Doch auch in diesem engen Rahmen läßt sie sich mit dem Ergebnis der kaufmännischen doppelten Buchhaltung in Einklang bringen. Die Jahresrechnung zerfällt in einen Teil „Einnahmen und Ausgaben nach dem Haushaltplan“ und einen zweiten Teil „Kapitalsrechnung“. Zunächst gibt S. 57 und 58 eine Rechnung des ersten Teiles, wobei die Zahlen der Gewinn- und Verlustrechnung S. 40 zugrunde gelegt sind.

Dem Formulare wird man noch eine Erläuterungsspalte anfügen, um etwaige Überschreitungen gegen den Haushaltplan zu begründen u. dgl. mehr. In der kameralistischen Buchhaltung ist es üblich, daß man das Rechnungsformular mit Ist- und Sollspalten und mit einer Spalte für Reste versieht. Eine solche Angabe ist hier nicht notwendig, weil etwaige Reste durch das Kontokorrentkonto nachgewiesen werden, von dessen Einreihung in die Rechnung noch die Rede ist. Im einzelnen sei zu der vorstehenden Rechnung bemerkt: die Einnahmen sind um 1000 M. höher als die Sollseite der Gewinn- und Verlustrechnung. Dies kommt daher, daß die Zinseneinnahme in der Gewinn- und Verlustrechnung nicht aufgeführt ist, weil auf Zinsenkonto Sollseite die Zinsenausgabe von 261000 M. und auf der Habenseite die Zinseneinnahme von 1000 M. stand, woraus sich der auf das Gewinn- und Verlustkonto übertragene Saldo von 260000 M. ergibt. Der Posten Delkrederekonto ist, da er aus Ausfällen an Stromgeld besteht, von den Stromeinnahmen abgezogen werden. Die in Betracht kommenden Belege ergeben sich aus den Angaben der angezogenen Konten. Im Endergebnis stimmt diese Rechnung mit der Gewinn- und Verlustrechnung überein.

Die sich auf die Bewegung und den Stand des Kapitales beziehende Kapitalsrechnung würde in unserem Beispiele lauten:

Nr.	Gegenstand	ℳ	₰	Betrag ℳ	₰	Belege siehe Konto	Bemerkungen
1.	Gebäudekonto. Gegen das Vorjahr ist ein Zugang eingetreten von			600	—	Gebäude	
2.	Maschinenkonto. Gegen das Vorjahr ist ein Zugang eingetreten von			12 000	—	Maschinen	
3.	Hausanschlußkonto. Gegen das Vorjahr ist ein Zugang eingetreten von			1 300	—	Hausanschl.	
4.	Zählerkonto. Gegen das Vorjahr ist ein Zugang eingetreten von			750	—	Zähler	
5.	Geräte- und Apparate-Konto. Gegen das Vorjahr ist ein Zugang eingetreten von			10 100	—	Geräte	
6.	Mobilienkonto. Gegen das Vorjahr ist ein Zugang eingetreten von			800	—	Mobilien	
7.	Kontokorrentkonto. Das Konto hatte am Schlusse des Vorjahres einen Bestand von. . .	—	—				
	Sollspalte im neuen Jahre 53 000 ℳ Habenspalte im neuen Jahre 31 000 „	22 000	—	22 000	—	Kontokorrentkonto	
8.	Warenverkaufskonto. Das Konto hatte im Vorjahre einen Bestand von	—	—				
	Angekauft waren im Laufe des Jahres für . . . . . . 43 978 ℳ Verkauft waren für . . . 17 000 „ 26 978 ℳ Ab der hierinsteckende Gewinn (s. Einnahme Nr. 6) 8 978 „			18 000	—	Waren	
9.	Installationskonto. Das Konto hatte im Vorjahre einen Bestand von	—	—				
	Im Laufe des Jahres ausgegeben . . . . 56 000 ℳ Es wurden Rechnungen ausgeschrieben über . . . . 36 726 „ 19 274 ℳ Ab der hierin steckende Gewinn (s. Einnahme Nr. 4) 13 174 „	6 100	—	6 100	—	Installation	
	Zus. Zugänge gegen das Vorjahr			71 650	—		

Nr.	Gegenstand			Betrag		Belege siehe Konto	Bemerkungen
		M	Pf	M	Pf		
				71 650	—		
	Abgänge gegen das Vorjahr.						
10.	Magazinkonto.						
	Gegen das Vorjahr ist ein Abgang eingetreten von			1 000	—	Magazin	
	Es verbleibt mithin ein Mehrzugang			70 650	—		
	Bargeldbewegung.						
1.	Kassenkonto.					Kasse	
	Die Sollseite beträgt	156 000	—				
	Die Habenseite beträgt	149 500	—	6 500	—		
2.	Bankkonto.					Bank	
	Die Sollseite beträgt	1 053 000	—				
	Die Habenseite beträgt	462 041	—	590 959	—		
	Bargeld zusammen			597 459	—		
	Im Vorjahre betrug der Bestand						
	a) des Bankkontos	280 000	—				
	b) des Kassenkontos	8 000	—	288 000	—		
	Ab:						
	Obenstehend			70 650	—		
	Zu:			217 350	—		
	der Betrag des Reingewinnes			380 109	—		
	Zusammen wie vorstehend			597 459	—		

An der Hand dieser Abrechnung können die kommunalen Körperschaften prüfen, ob nach dem aufgestellten Haushaltplane gewirtschaftet worden ist und wo Überschreitungen oder Ersparnisse stattgefunden haben. Das Endergebnis dieser Abrechnung deckt sich mit dem Ergebnisse der nach kaufmännischen Grundsätzen gelegten Jahresrechnung. Außerdem gewährt die Bilanz einen Überblick über den Stand und die ganze Vermögenslage des Unternehmens. —

Bei dem Studium dieses Werkes wird man finden, daß die kaufmännische doppelte Buchhaltung nach ihrer Zweckbestimmung und ihren Einrichtungen gar nicht schwer zu verstehen ist und zu ihrem Verständnis keine größeren Schwierigkeiten bietet als die kameralistische Buchhaltung.

Sachregister.

Verlag von Julius Springer in Berlin

GPSR Compliance

The European Union's (EU) General Product Safety Regulation (GPSR) is a set of rules that requires consumer products to be safe and our obligations to ensure this.

If you have any concerns about our products, you can contact us on ProductSafety@springernature.com

In case Publisher is established outside the EU, the EU authorized representative is:

Springer Nature Customer Service Center GmbH
Europaplatz 3
69115 Heidelberg, Germany

Batch number: 10845480

Printed by Printforce, the Netherlands